»**Auch Ihre starke Marke erkennt man daran,
dass man sie erkennt.**«

Jon Christoph Berndt[®] und Prof. Dr. Sven Henkel[®]

Bibliografische Information der Deutschen Nationalbibliothek:
Die Deutsche Nationalbibliothek verzeichnet diese Publikation in der Deutschen Nationalbibliografie; detaillierte bibliografische Daten sind im Internet über http://d-nb.de abrufbar.

Für Fragen und Anregungen:
BrandNew@redline-verlag.de

2. Auflage 2014

© 2014 by Redline Verlag,
ein Imprint der Münchner Verlagsgruppe GmbH,
Nymphenburger Straße 86
D-80636 München
Tel.: 089 651285-0
Fax: 089 652096

Redaktion: Desirée Simeg, Gersthofen
Umschlaggestaltung: Kristin Hoffmann, München
Umschlagabbildung: Stephan Rumpf
Gestaltung: Maria Wittek, München
Satz: Grafikstudio Foerster, Belgern
Druck: Konrad Triltsch GmbH, Ochsenfurt
Printed in Germany

ISBN Print 978-3-86881-539-9
ISBN E-Book (PDF) 978-3-86414-653-4
ISBN E-Book (EPUB, Mobi) 978-3-86414-654-1

Weitere Informationen zum Verlag finden Sie unter

www.redline-verlag.de

Beachten Sie auch unsere weiteren Imprints unter
www.muenchner-verlagsgruppe.de

Inhalt

 Hier spricht Jon Christoph Berndt[®].

 Hier spricht Sven Henkel[®].

Vorwort

Die inhaltsgeladene Diskussion darüber, was Marken heute dafür brauchen, um starke Marken zu sein, braucht kein Vorspiel. Wir fangen einfach an:

Verstehen: Menschen, Märkte, Marken

 # Erkenntnis:

Die stärksten Marken gibt es immer noch bei Aldi

Wer am Samstagmorgen loszieht und die »Deutsche Runde« macht (also Wagenwäsche inkl. Felgenreinigung, Getränke-shop, Supermarkt, Baumarkt), hat schon verloren: Er wird nicht nur Opfer der Konsumwelt, sondern auch der Marken. Die sorgen mit ihren niemals aufhörenden Kauf-mich!-Botschaften dafür, dass er beeinflusst, gelenkt, ferngesteuert wird. Schließlich brauchen all die neuen Produkte neue Besitzer. Gut möglich, dass der anspruchsvolle Heimwerker auf dem Weg zum Baumarkt seines Vertrauens an einem Toom, einem Bauhaus, einem Obi und einem Hagebau vorbeifährt. (Praktiker ist ja weg, weil die nicht mal 20 Prozent auf Tiernahrung hatten ...) Die Fernsehwerbung hat es ihm angetan: Er will zu Hornbach! Dort gab es mal einen Hammer aus echtem Panzerstahl, dem härtesten Stahl der Welt. Dann sind die anderen Werkzeuge bestimmt genauso unkaputtbar – für wahre Profis eben, wie er einer ist. Dafür macht unser Mann doch gern 15 Kilometer Umweg hin und 15 Kilometer Umweg zurück.

Wer von einem solchen Tag in der Stadt und in den Gewerbegebieten dieser Welt nach Hause kommt, hat nicht nur einen Großteil seiner durchschnittlich 14.000 täglichen Werbebotschaften bereits abgekriegt, sondern hat sich auch x Mal zu einem Spontankauf animieren lassen, y Mal etwas gekauft, was es absolut gleichwertig direkt daneben im Regal zum halben Preis gibt, und ist unter dem Strich z Mal vom Zusammenspiel der Anziehungskraft starker Markenprodukte und seines davon beeinflussten Unterbewusstseins betrogen worden. Betrug, ein garstiges Wort für solche an sich so schönen, wohligen Begebenheiten.

> *Wieso Betrug? Versuch's mal mit Selbstschutz. Wir bilden positive oder negative Markeneinstellungen, um uns vor den meisten der 14.000 täglichen Informationen zu schützen. Jede Marke, die entlastet, ist eine gute Marke!*

Schließlich hat der Mensch immer wieder aufs Neue die Wahl! Er ist mündiger, aufgeklärter Käufer und Konsument und lässt sich gar nicht überlisten! Warum auch, hat er doch einen freien

Willen: »Ich bin jederzeit Herr der Lage, Chef meiner Sinne – und das Werbefernsehen kann mir gar nichts! Okay, ich trinke Coca-Cola und nicht Pepsi, ich ziehe Hosen von Diesel an und nicht von Palomino, und an meine Haut lasse ich nur Wasser und Nivea (und nicht Florena). All das tue ich aber, weil ich das *will*!« Doch Obacht: So grau wie der Grauschleier, der sich über die delikate Feinwäsche der Dame des Hauses legt, nur weil sie ein Mal – nur ein einziges Mal! – diesem No-Name-Waschmittel vertraut hat, ist alle schöne Theorie.

Die Marke gibt dem Unternehmen (genauso wie dem Produkt) Orientierung, ein Gesicht in der Menge aller Unternehmen und Produkte: »Ah, das kenne ich, das nehme ich!« Sie gibt dem Kopf die Sicherheit, sich richtig entschieden zu haben: Wer mit Persil, Balisto und Apollinaris nach Hause kommt, hat wenig zu fürchten von seinen Lieben. Und die Marke sorgt für das gute Gefühl: »Damit fühle ich mich wohl und geborgen. Sie tut mir gut.« Oftmals am wichtigsten: Sie befördert das Image ihres Käufers.

Einfältig?
Der angedeutete
Sex macht ihn so
erfolgreich. Sexualität
ist ein menschliches
Grundbedürfnis. Wer
es anspricht, erzeugt
Aufmerksamkeit
und erhöht so seine
Verkaufschance. »Sex
sells« gilt fast immer.

Gegen Grauschleier und stumpfe Farben empfiehlt sich Ariel Color: Da reißt sich die mittelalte Dame des Hauses im Werbefernsehen mit wilder Geste ein graues Netz vom Leib, und zum Vorschein kommt das gute alte Blusenmuster in allen Blitz- und Donnerfarben. Erst angeregt, dann erregt, legt sie den mittelalten Herrn des Hauses in der Frühstücksküche um, worauf der sich ebenfalls mit wilder Geste ein genauso graues Netz vom Leib reißt – und zum Vorschein kommt das strahlend blaue Hemd, das so strahlend blau ist wie damals bei Wormland an der Stange. »Raus aus dem Grau!« – der Spot ist so erfolgreich, weil er so einfältig ist, und wir lernen: Ariel macht das graue Reihenmittelhausleben wieder bunt, fördert den Blutdruck und regt die Triebe an. Da nehm' ich doch auch 'ne Flasche! Wer starke Marken kennt, kennt tolle Geschichten über sie und erzählt sie gern weiter. (Das tun die Markenexperten auch – mit Wonne.)

Gegen stumpfe Ich-kaufe-nur-was-ich-will-Theorie gibt es Wolf Singer: Der emeritierte Professor für Neurophysiologie am Frankfurter Max-Planck-Institut spricht dem Menschen die unabhängige Entscheidungskompetenz ab: »Der freie Wille ist nur ein gutes Gefühl.« Diese von Fachkollegen nicht unkritisch stehen gelassene Meinung ist schon deshalb nachvollziehbar, weil es für den Begriff »Willensfreiheit« noch nicht einmal eine allgemein anerkannte Definition gibt. Im weiteren Sinne versteht man darunter zumindest die Fähigkeit des Menschen, aus mehreren Möglichkeiten eine auszuwählen. Wer aber will schon beurteilen, ob und unter welchen Umständen die Entscheidung wirklich aus ganz freien Stücken, also vollkommen unbeeinflusst von außen, geschieht und ob der Mensch dazu überhaupt in der Lage ist? Wie sollte er das sein, wenn er keinerlei Hinweise, keine Anleitung bekommt? Wie soll er überhaupt etwas wollen, wenn nichts und niemand ihn dazu anregt oder gar verführt, unwiderstehliche Begehrlichkeit in ihm weckt? Wie also soll die Wahl eines Produkts tatsächlich frei sein, wenn der, der sie hat, zuvor von der Werbung nicht nur nach Kräften informiert, sondern – und davon darf man ausgehen – auch beeinflusst und damit manipuliert wurde?

Dazu will er gar nicht in der Lage sein. Marke ist geistige Entlastung in einem Alltag, der schon komplex genug ist.

Markenwerbung ist nicht nur informativ, wie es die Markenmacher und die Werbe- und PR-Leute immer gern behaupten. Sie ist auch manipulativ. In marktwirtschaftlichen Gesellschaftssystemen, in denen alle Hersteller um Auftraggeber, Käufer und Konsumenten buhlen, geht es nicht ohne, und die Kritiker der Werbung wissen, warum. Wer mit Waren und Dienstleistungen seinen Lebensunterhalt verdient, muss dafür Werbung machen. Sonst weiß niemand, dass es ihn und seine Produkte gibt. Wer dennoch partout keine Werbung will, muss sich in den Dresdner Hauptbahnhof vor 1989 zurückträumen. Da war er noch wunderschön, aber schon damals nicht frei von Reklame – für »Jeans aus Lößnitz« und für DeDeRon, die ostzonale Kunstfaser mit dem tollen Namen. Selbst der Sozialismus kannte immer Werbung.

Entschärft wird dieser Manipulationsverdacht, wenn sie mit ihrem Kunden wirklich kommuniziert: Wer für seine Inhalte erreichbar ist und geradesteht, manipuliert nicht.

Oder der strikte Ablehner von Werbung muss umziehen nach Bhutan, wo der freie Wille noch viel freier ist, weil die Werbung das Land erst noch erobern muss – wenn sie denn endlich darf. In Bhutan gibt es kein Bruttoinlandsprodukt, das sich aus dem Wert aller Güter und Dienstleistungen errechnet, die in einem Jahr innerhalb der Landesgrenzen erwirtschaftet werden. Je mehr produziert und gekauft wird, desto besser geht es demnach dem Volk. Stattdessen gibt es dort das »Bruttonationalglück«: Gross National Happiness. Es misst den Zufriedenheitszustand der Bhutaner, die ohne die Küchenmaschine von Kitchen-Aid, ohne Balisto und ohne Auto und deshalb ohne Caramba-Felgenspray auskommen müssen – und trotzdem sind sie mindestens so froh wie der Mops im Haferstroh.

Es gibt nicht »kein Marke ting«: Schon dieser Begriff ist wieder Marketing pur. Sonst würdest du ihn nicht kennen.

Es gibt zwar in Westeuropa Menschen, die wären auch gern Bhutaner. Dann hätte nämlich der ganze Konsumterror ein Ende. »Wer mit allem versorgt ist, sehnt sich nach dem Nichts«, weissagt der Kultursoziologe Reinhard Knoll. So radikal wird es nicht kommen. Dafür sind die Menschen hierzulande zu anders erzogen, geprägt, konditioniert. Und »Hätt ich doch …, dann würde ich …« und »Eigentlich müsste man …« – das führt nicht weiter. Also rennt man jeden Tag dem Geld hinterher, lässt seine Wünsche reifen und formt seinen Willen, und liefert sich jeden Tag rat- bis hilflos den Markenunternehmen und ihren Botschaften aus, die Träume wahr machen und einem dafür Geld abnehmen. Wer hier lebt und bleiben möchte, kann das zumindest etwas eindämmen. Die Lösung ist so weise wie naheliegend, sie macht richtig froh, erhält gesund und spart viel Geld: Leute, kauft nur Sachen zum Essen und Trinken, für die keine Werbung gemacht wird! Wer so handelt, geht nicht nur ziemlich sicher darin, dass er Lebensmittel und keine Nahrungsmittel konsumiert, sondern macht auch noch sein bisschen Frieden mit der Marke und der Werbung.

Der Biobauernhof macht für seine EU-ungenormte Runkelrübe auch Werbung: Die Anzeige im Wochenblatt, die bunte Rübe auf dem Daimler-Diesel-Lieferwagen, das Preisschild an der Kiste …

Wünsche wecken, Willen bilden und Konsumenten beeinflussen, das gelingt einem Produkt umso besser, je stärker seine Anziehungskraft und die ihm zugeschriebene Wirkung sind. Das lässt sich gut feststellen in der Kassenschlange bei Penny, wo das Feuerwerk der Verlockungen, im versonnenen Wartestand kurz vor der Biep!-Frau am Bandende, fröhliche Urständ feiert. Oben für die Großen (in der »Impulszone« mit einzelnen Duplo-

Riegeln, Wrigley's Kaugummi und den Ein-Schluck-Fläschchen Scharlachberg Meisterspirituose), unten für die Kleinen (in der »Quengelzone« mit den Ü-Eiern genau in Zwergengreifhöhe und all den anderen bunten Sachen der einschlägigen Wir-tun-alles-rein-was-nicht-verboten-ist-Hersteller, die bei regelmäßiger Fütterung aus kleinen Kindern große Mutanten machen). Der dringende Wunsch in der Kassenzone heißt: Ich! Will! Hier! Raus! Der dringende Wille ist jetzt: Ich belohne mich für das ewige Warten. Und die Beeinflussung sorgt dafür, dass das Zeug, das sich hier am Check-out stapelt, genau jetzt genau das Richtige für mich ist.

Sehr verständlich, dass man von seinem freien Willen überzeugt ist: Keiner erwischt sich gern dabei, ein schwaches, gefühliges, manipuliertes Kassenbandopfer zu sein. Wer erst einmal akzeptiert hat, dass es doch so ist, geht gern für ein paar Minuten in die Kirche. Da ist auch der Dresdner Hauptbahnhof vor 1989: kein Marktgeschrei, keine bunten Bilder, kein Drei-für-zwei-Gedöns. Dabei ist die Kirche das Unternehmen mit dem höchsten Markenwert überhaupt, und das mit dem allerstärksten Logo. Sie wirbt auch für ihre Sache, und das nicht nur sonntags um 10 Uhr, wenn die Glocken besonders lange und laut läuten. Und die Bilder sind da auch ganz schön bunt. All das ist Werbung für die Marke. Und das mit dem freien Willen und dessen Beeinflussung verhält sich dort genauso …

Wenn Ariel eine starke, begehrenswerte Marke ist und wenn die Ariel-Werber es schaffen, unwiderstehliches Begehr zu wecken und es bis ans Regal im Supermarkt zu erhalten, dann ist genau hier Essig mit dem wirklich freien Willen. Dann kaufe ich Ariel und nicht Persil, trinke Coca-Cola, weil Coca-Cola das so will, trage Diesel-Jeans, weil Diesel es bei mir geschafft hat, und creme mich mit Nivea ein, weil Beiersdorf mich gekriegt hat. Dabei enthält Coca-Cola vor allem Zucker. Und die Wahrscheinlichkeit ist groß, dass die Jeans von Diesel (um die 150 Euro muss man dafür schon hinblättern) vormittags aus derselben Maschine gefallen ist wie nachmittags die von Kik (für 9,99 Euro, bei Primark geht es manchmal für noch weniger). Diesel

Hier muss man Käufer und Konsument unterscheiden! Verkaufstechnisch gehört das Ü-Ei sogar auf Greifhöhe der Eltern: Sie kaufen es als Schreiprophylaxe – und das Kind schmatzt und schweigt.

ist, auch wenn man es so sehen mag, ethisch-moralisch nicht verträglicher als Kik. Aber das Label auf dem Hintern ist ein anderes – und deshalb ist das Gefühl anders, wenn man morgens in seine Diesel steigt. Vielleicht sind auch ein paar Nähte anders, oder andere Stones haben das Teil anders gewashed – geschenkt. Und Nivea? Etwa 40 Prozent der Inhaltsstoffe von Nivea sind aus Erdöl. Da könnte man sich auch an der Tanke einschmieren, zum Beispiel mit V-Power Diesel von Shell. Das ist auch eine starke Ölmarke, man kommt unter dem Strich günstiger weg beim Eincremen und der Effekt hat entschieden mehr Bums.

Wer all das kapiert und akzeptiert, ist ein gutes Stück weiter auf dem Weg der Erkenntnis dessen, wie das zeitgenössische Leben funktioniert. Es ist ein Leben inmitten von Marken. Und man selbst ist ebenfalls eine: Auch der Mensch ist markiert und hat eine Markenpersönlichkeit. Es sind Prominente wie Genscher mit dem gelben Pullunder, Lagerfeld mit dem Fächer und Miley Cyrus mit dem nackten Ritt auf der Abrissbirne. Sie sind anziehungsstarke Human Brands. Genauso sind es diejenigen im eigenen Umfeld, die zwar nicht berühmt sind, einem aber ebenfalls und genauso eindeutig auffallen; ob positiv oder negativ, ist eine ganz andere Frage.

Man kann sich gegen Marke sträuben und versuchen, sich dem ganzen Markenzirkus zu verweigern. Man kann sagen, dass man zu Aldi geht. Schließlich ist das Waschmittel da genauso gut, die Creme cremt auch und die Cola dort enthält ebenfalls viel Zucker. Der Unterschied zwischen Coca-Cola (da steht kein ® dahinter, sondern »Schutzmarken«) und Topstar®-Cola (Aldi Süd) beziehungsweise River®-Cola (Aldi Nord) ist bestimmt riesengroß, so in den kleinen Nuancen der Zusammensetzung. Doch da geht bestenfalls dem approbierten Chemiker analytisch einer ab. Aus Sicht der Markenexperten gibt es keinen: Topstar und River sind ebenfalls Marken, starke obendrein, und das lehrt nicht nur der Umstand, dass beide in der »Klasse Nizza 32« beim Deutschen Patent- und Markenamt als Marke angemeldet sind, das eine in der Kategorie »Alkoholfreie Cola-Getränke«, das an-

> *Die Jeans hält die Beine warm wie das Auto uns von A nach B bringt. Darum geht es aber nicht. Die 140,01 Euro Preispremium für eine Diesel sind gut angelegt für das gute Gefühl. Marke macht selbstbewusst.*

> *Was hat die Bezeichnung »Nizza 32« mit Cola-Getränken zu tun? So markiert findet den Coca-Cola-Hängeordner im Patentamt garantiert niemand.*

dere bloß in der Kategorie »Alkoholfreie Getränke mit Ausnahme von Zitrusfruchtsäften sowie von unter Verwendung solcher Säfte hergestellten Getränken, insbesondere tonische, bittere und Cola-Getränke, sämtliche Waren aus Ländern des englischen Sprachbereichs stammend«.

Coca-Cola macht es weder anders noch besser, nur üppiger: Das Unternehmen hat in Deutschland derart viele Marken in derart vielen Erscheinungsformen angemeldet (grob gesagt alles, was rot, weiß, geschwungen, trinkbar und nicht bei drei auf dem Baum ist), dass man die mehrjährige patentanwaltliche Zusatzqualifikation braucht, um da durchzusteigen. Muss man aber nicht. Entscheidend ist vielmehr, dass der Käufer von Topstar und River bei Aldi genauso wenig einen freien Willen hat und genauso beeinflusst ist wie der Käufer von Coca-Cola. So verhält es sich auch mit Nivea, Biocura® (Aldi Nord) und Lacura® (Aldi Süd).

Merkwürdig: Kein Mensch spricht von Pepsi, wenn es um Cola geht. Dafür gibt es gute Gründe: Der Name klingt im Deutschen nach einem Durstlöscher für Turnbeutelvergesser. Kann man sich damit aufpeppen, wenn es nach der Sportstunde mit den Rhönradmädels noch zum Skater-Platz geht? Zudem hat Pepsi es fertiggebracht, zwischen 1898 und 2008 geschlagene neun Mal sein Logo zu verändern. Die Visualisierung und der Ausdruck einer Marke schlechthin – nicht zu fassen! Coca-Cola hat das zwischen 1885 und 2008 nur ein einziges Mal gemacht. Kein Wunder, dass der Markenwert von Pepsi-Cola laut der Best-Global-Brands-Studie 2013 von Interbrand bei etwas mehr als 17,9 Milliarden Dollar liegt – und der von Coca-Cola bei knapp 79,2 Milliarden Dollar. Den Wert einer Marke kann man nämlich messen. Oftmals ist er das Wertvollste, das ein Unternehmen zu bieten hat.

Nicht selten ist der Markenwert um ein Vielfaches höher als der Buchwert. Viele Unternehmen nutzen ihn dazu, ihre Kreditwürdigkeit zu verbessern oder sich für den Verkauf aufzuhübschen. Das zahlt sich besonders dann für sie aus, wenn jemand

> *Das hat zumindest die Werbeagenturen ernährt. Wer häufig die Agentur wechselt, verliert seine Kunden – und Geld.*

die ganze Company kaufen will, sie aber lediglich einen großen Tresor mit einem kleinen Blatt Papier drin mit einer großartigen Rezeptur drauf, etliche Verwaltungsgebäude in vielen Ländern, einige Hundert Abfüllanlagen, einige Tausend Lkws, Millionen roter Plastikkisten und Milliarden kleiner Glasflaschen zu bieten hat. Und, da war noch was, diese einzigartige Form der »Konturflasche«, neben der Farbe und dem Logo. Gut, dass man sich in Atlanta diese Form – man erkennt sie mit verbundenen Augen – bereits 1916 als Geschmacksmuster hat schützen lassen. Keiner darf sie nachahmen. Pepsi hat seine Flasche bestimmt auch schützen lassen, aber wer will die schon imitieren? Ins Museum Plagiarius in Solingen, wo die dreistesten Kopien der besten Produktdesigns stehen, schafft es eben nicht jeder. Schon gar nicht eine Company, die noch nicht einmal ihr Logodesign im Griff hat.

Das Markieren von Formen hat Hochkonjunktur: Ist die Nespresso-Kapsel nur ein Patent oder aufgrund ihrer Form außerdem eine »Form-Marke«? Patentschutz läuft aus, Markenschutz nicht.

Marke ist Marke ist Marke, im Discounter wie im Supermarkt, online wie offline, die teure wie die billige. Es gibt viele Definitionen von »Marke«, eine ist wesentlich: »Ihre Marke ist das, was man hinter Ihrem Rücken über Sie erzählt.« Dabei erkennt man die starke Marke daran, dass man sie erkennt: Erkennen verursacht Begehrlichkeit, Begehrlichkeit verursacht Anziehungskraft, Anziehungskraft verursacht Habenwollen, Habenwollen verursacht Kaufen, Kaufen verursacht Verwenden, Verwenden verursacht Stolz, Stolz verursacht Liebhaben, Liebhaben verursacht Wiederkaufen, Wiederkaufen verursacht Abhängigkeit, Abhängigkeit verursacht …

»Marke« kommt von »Branding« und damit von »markieren«, und das wiederum kommt von den Cowboys im Mittleren Westen. Die waren es eines Tages leid, vor dem Feierabend immer erst ihre Rinder auseinanderklamüsern zu müssen, bis sie sich endlich ans Lagerfeuer setzen und in Ruhe eine rauchen konnten. Oftmals gab es Streit, weil ein Rind eben aussieht wie ein Rind. Dann fingen sie an, die Tiere mit ihren Zeichen und Symbolen zu »branden«. Auf einmal war viel früher Feierabend, man konnte viel zeitiger gemütlich beisammensitzen und sich eine anstecken. Wenn wir das Bild von den Cowboys am Lagerfeuer vor der glühend versinkenden Sonne im Kopf haben, meinen wir allerdings bloß immer, dass sie geraucht haben. Und zwar die Marke mit der roten Farbe, dem weißen Schriftzug und dem Dreieck auf der Packung …

Heute ist das Rind die Firma und das Brandzeichen ist das Logo: In Amerika fingen die Reklameleute vor 100 Jahren damit an, Unternehmen ein unverwechselbares Gesicht zu geben, sie zu »branden«. Dafür entwickelten sie eine Vielzahl von Methoden, mit denen sie General Electric, Kellogg's, IBM, Heinz, Budweiser und viele andere Namen groß und stark machten, die wir auch in Europa schon seit ewigen Zeiten kennen. Wir haben uns nie gefragt, warum. Nach dem Zweiten Weltkrieg kamen die Berater mit ihren Methoden nach Europa und sie fingen an, Unternehmen und Produkte wie Fischer und Würth, BMW und Salamander, C&A und Rodenstock, Grundig und Neckermann, Quelle und Karstadt zu profilieren und damit die Grundlage dafür zu schaffen, dass sie genauso schnell so groß und stark wurden wie zuvor die amerikanischen. Auch diese Marken kennt heute jeder – selbst wenn manche von ihnen schon längst im Markenhimmel sind.

Starke Unternehmen, die es noch gibt und die wollen, dass das auch so bleibt, nutzen die Mechaniken der Markentechnik, um das Wertvollste zu bekommen: Menschen. Employer Branding und damit die attraktive Arbeitgebermarke sorgen dafür, dass es jungen Ingenieuren attraktiver erscheint, zum Automobilzulieferer Brose nach Coburg als zu BMW nach München zu gehen. Wie attraktiv diese Marke für Fachleute in der Automotiveindustrie ist, macht Brose auf seiner Website unmissverständlich klar. So viel zum Selbstbild, zu dem, was den Leuten Tolles über sich als Arbeitgeber einfällt. Das Erstaunliche: Es deckt sich ziemlich idealtypisch mit dem Fremdbild. In der Tat kann Brose bei der Arbeitgeberattraktivität mit den Großen in den großen Städten mithalten. Auch in Coburg hat man idealtypisch verstanden, was eine begehrenswerte Marke zu einer begehrten Marke macht: 1. die klare Positionierung, 2. viel Arbeit, die nie aufhört, 3. ganz viel Kontinuität.

Dabei haben die Bohnenkaffee und Feuerwasser getrunken. Das Bild von dem Cowboy mit der Zigarette hat uns Marlboro in den Kopf gemalt.

Starke Marken sparen nicht nur Geld beim Employer Branding, sie können es sich sogar leisten, ihren Leuten weniger zu zahlen. Bei Apple, Google und Mini ist das Gehalt Nebensache, wenn man als Mitarbeiter heute der Star jeder Party und morgen die attraktive Beute für den Headhunter ist.

Tandil von Aldi Nord genauso wie Aldi Süd ist eine Marke, und Ariel ist ebenfalls eine. Die Chance ist groß, dass sie aus demselben Werk kommen; vielleicht unterschiedlich parfümiert, mit einer vergleichbaren Menge an Weißmachern, einer vergleichbaren Waschkraft, und der Colorschutz-Effekt ist ebenfalls vergleichbar. Marke oder nicht Marke, das ist nicht die Frage. Es geht vielmehr darum, wie stark sie ist, wie viel Vertrauen sie beim Verbraucher genießt und in welchem Maße sie ihn informiert, verführt, manipuliert, ihm die Sinne benebelt. Deshalb besteht, was die Markenstärke der Unternehmen angeht, der Unterschied zwischen Audi und Aldi in genau einem Buchstaben.

Es kommt vor, dass die Hausfrau vor der 15 Jahre alten und immer noch zuverlässig waschenden Miele-Waschmaschine kauert, und sie fasst es nicht: Alles grau, grauer, am grauesten! Das Grauen hat für sie einen Namen: Tandil! Das Dinner heute Abend mit diesem einen Heinz aus Parship – ruiniert, bevor die Lidl-Shrimps geknackt sind. Ach, wär sie doch bei Ariel geblieben … Jetzt versaut das falsche Waschmittel den Abend, bevor er begonnen hat. Doch wer weiß, wofür es gut ist: Vielleicht fährt dieser Heinz ja Opel.

> *Das ist alles richtig und wichtig, aber mir eine Spur zu negativ. Meine These: Wir lieben, brauchen und nutzen Marken, weil sie das Leben einfacher, facettenreicher, bunter und emotionaler machen. Nicht mehr und nicht weniger.*

ZUM MITNEHMEN

- Marken sind aus dem Alltag nicht wegzudenken. Sie lenken und leiten, informieren und manipulieren, emotionalisieren und dramatisieren. Auch die Kirche ist eine Marke.

- Starke Marken erkennt man daran, dass man sie erkennt. Ein Produkt, das man erkennt und erinnert, hinterlässt einen markanten Eindruck. Das ist der Anfang von Marke.

- Marke ist, was man hinter dem Rücken ihres Inhabers über ihn erzählt. Ein Bild von ihr entsteht immer. Die Frage ist nur, welches.

- Mut zu Einzigartigkeit und Kontinuität sind markenbildende Faktoren. Wer sich ständig verändert, wird nicht wiedererkannt!

- Starke Marken haben Einfluss: Sie richten sich nicht nur an Kunden, sondern auch an potenzielle Mitarbeiter, und helfen nicht nur bei der Profilierung von Produkten, sondern auch von Menschen.

 **Image:**

Eine starke Marke erkennt man daran, dass man sie erkennt

Frage an den Studenten einer Eliteuniversität: »Was würden deine Eltern sagen, wenn du nach dem Studium als Assistent des Geschäftsstellenleiters bei der Sparkasse Castrop-Rauxel anfangen würdest?« Seine Antwort: »Junge, jetzt haben wir so viel Liebe und Geld in dich investiert – und dann das!« Sie stammt aus einer Reihe von Tiefeninterviews der Universität St. Gallen zur Erforschung der Attraktivität von Arbeitgebermarken. Forschungsfrage: Sind starke Marken die attraktiveren Arbeitgeber?

Auf die Frage, warum die Sparkasse nicht zu seinen Favoriten zähle, antwortet der Student in Bildern: Bei Sparkasse denkt er an schmucklose Vorstadt-Mehrzweckbauten, schusssicheres Glas am Schalter und »Diskretion – Bitte Abstand halten!«-Aufklebern am Boden. Und hinten scheppert die Münzgeldzählmaschine. Er sieht Weltsparer, Häuslebauer und Riester-Rentner, denen das Reihenhaus in der Kleinstadt lieber ist als das Innenstadt-Loft und der Bodensee-Urlaub sympathischer als der Singapur-Trip. Assoziationen, die so gar nicht zu dem Bild passen, das er als Elitestudent von einem Geldinstitut hat: Da sieht er schillernde Glaspaläste, Nadelstreifenanzugträger, die sich in der U-Bahn auf Business-Englisch um die Plätze mit dem besten Handyempfang fürs Day-Trading balgen. Er träumt von fetten Boni und dicken Sportwagen. »Sparkasse geht gar nicht. Und überhaupt, was würden meine Kumpels sagen?« Das Bild, das andere von einem haben, ist mindestens genauso wichtig wie das eigene. Persönlich hat der Befragte seine Sicht von der Sparkasse noch nie überprüft.

Die Sparkasse hat mit der ablehnenden Haltung vermutlich kein Problem. Die Marke hat ein so klares Profil, dass es wohl genug Bewerber genauso wie Kunden und andere Anspruchsgruppen

Kein Problem? Das mag für die Kunden gelten, aber nicht für den Arbeitnehmermarkt: Wer keine Topabsolventen für sich begeistern kann, hat auf lange Sicht bei den Kunden keine Zukunft.

gibt, die sich dafür entscheiden. Für sie ist die Sparkasse das Geldinstitut für Bausparer, Risikovermeider, D-Mark-Vermisser und Freunde der vermögenswirksamen Leistung. Diese Bank hält das Geld zusammen, anstatt Hedgefonds zu finanzieren. Deshalb heißt sie ja *Spar*kasse und nicht *Ausgeb*kasse.

Menschen denken und kommunizieren in Bildern: Man kann gar nicht anders, und Kunden machen das immer und überall so. Das Markenimage ist das Bild, das sie von einer Marke haben. Sehen sie ein wulstiges Männchen, denken sie an Michelin. Hören sie Meister Proper, erscheint ihnen der muskulöse Glatzkopf mit dem Ohrring, und wenn sich der McKinsey-Berater in der Firma ankündigt, erwarten sie den Schlacks mit dem Sparkassenscheitel, der Profilbrille und dem schwarzen Schlips auf weißem Hemd.

Wir werden mit Bildern sozialisiert, mit ihnen können wir uns am besten ausdrücken, sie merken wir uns am besten. Denken wir an ein bestimmtes Ereignis, reihen sie sich aneinander und bilden ein »assoziatives Netzwerk« zum Abspeichern im Kopf. Der Markenname Agent Provocateur lässt Welten aus James Bond, Agenten und erotischen Fantasien entstehen. Ein verbaler Impuls genügt, und das Kopfkino startet. Jetzt setzt sich der Mensch intensiv mit der Marke und ihrer Welt auseinander. Diese Momente voller Konzentration sind wertvoll, beim hochwertigen Modelabel genauso wie bei der niedrigpreisigen Eigenmarke für den Alltag: Ja! und M-Budget sind die Hausmarken von Rewe und Migros. Dort investiert man viel Hirnschmalz und Geld, damit die Sachen vom Kunden als Nicht-Marken beziehungsweise als günstige Alternative zu Premiummarken wahrgenommen werden. Auch eine klare Positionierung: Wer M-Budget liest, denkt nicht an »billig«, sondern an »preiswert«. Die Migros ist nicht günstig, aber Budget drückt es aus. Bei Migros denkt man an die Schweiz, bei der Schweiz an Berge und Kühe, bei Kühen und Bergen an frische Luft und Erholung. Schon sind M-Budget-Produkte aufgrund der semantischen Bilderverkettung in der Wahrnehmung nicht nur günstig, sondern auch nachhaltig, regional und gesund!

Deshalb sind so viele Unternehmer bei der Sparkasse und nicht bei Dibadibadu: eine extrem gut gepflegte, behutsam modernisierte Marke mit dem größtmöglichen Vertrauensvorschuss.

Ein Pinguin! Wie die ganze Kohorte im Frühflieger nach Frankfurt: schwarzer Boss, silberfarbener Rimowa, schwarzes Blackberry. Alles austauschbare Menschenmärkchen.

Hoffentlich weiß der Absender, welchen Film er zeigen will!

Menschen drücken sich über Markenimages aus: Ein Markenimage ist dann stark, wenn die Wahrnehmungen aller Betrachter auf einen Nenner einzahlen. Wer keine Rolex trägt, weiß sehr wohl, dass das eine Uhr zum Preis eines Kleinwagens ist. Sie bekommt nur, wer Geld hat und das seinem Umfeld mitteilen will. Rolex setzt bewusst auf Symbole, die Status signalisieren und sichtbar machen. Die Krone als Bildmarke, die Signalfarbe Gold und das Vergrößerungsglas über der Datumsanzeige machen Rolex für jeden erkennbar und markieren ihren Träger als erfolgreich und ebenso selbst- wie sendungsbewusst.

> *Das war gestern. Heute trägt der wahre Erstplatzierte eine abgewetzte Lederjacke, und der Rolex-Mann trägt ihm den Vintage-Koffer.*

Die Wissenschaft spricht von der symbolischen Ergänzung des Selbst, wenn Markenprodukte dazu dienen, die Persönlichkeit des Konsumenten zu schärfen. Durch die Marke wird das Nutzerimage um bestimmte Aspekte des Markenimages ergänzt. Der Golf-Fahrer kommt bodenständiger rüber als der Audi-A3-Fahrer, der Handwerker mit dem Hilti-Bohrhammer erweckt einen professionelleren Eindruck als der Kollege mit der Bohrmaschine von Bosch. Marken ergänzen aber nicht nur das Selbst, sie drücken auch die Zugehörigkeit zu einer bestimmten Community aus. Man kauft eine Marke, um sich von der Masse abzuheben und seine Einzigartigkeit zu pflegen; gleichzeitig nutzt man sie, um die Zugehörigkeit zu einer Gruppe auszudrücken, der man angehören möchte. In diesem paradoxen Verhältnis, das Menschen zu Marken haben, liegt eine zentrale Herausforderung für das Management. Der reife Harley-Davidson-Fahrer nutzt die Marke, um sich einerseits von den anderen 65-Jährigen abzuheben. Andererseits drückt er damit seine Zugehörigkeit zu der ganz besonderen Gemeinschaft der Harley-Fahrer aus. Ein Markenimage muss deshalb so abhebend wie polarisierend wie integrativ sein. Harley macht's vor.

> *Das gilt gerade nicht mehr im Zeitalter des hybriden Kunden. Spätestens seit Jerry Hall für H&M gemodelt hat, sind die Schweden auf dem roten Teppich akzeptiert. Macht auch Sinn: Im Umfeld von Diane von Fürstenberg und Talbot Runhof differenziert die Marke noch richtig.*

Um in den Flagshipstore von Chanel nahe der Place Vendôme in Paris zu gelangen, muss man durch zwei Schleusen und an zwei Wachleuten vorbei. Die Botschaft dieser Maßnahme: »Der Plebs bleibt bitte draußen« oder »Wer hier einkauft, kennt H&M nur aus der Zeitung«.

Früher schützten sich die Schönen und Reichen durch hohe Burgmauern vor neugierigen Blicken, heute reichen schrankbreite Türsteher, um erst die Neugierde des Volkes zu wecken und es dann auf Abstand zu halten. Nur gucken, nicht anfassen! Mehr Arroganz geht nicht, weniger Arroganz ist auch nicht gut. Chanel will nicht von jedem getragen werden, und nicht jeder kann oder will Chanel tragen. Das Gleiche gilt für Porsche, das Sinnbild dafür, dass man es geschafft hat. Dafür erntet man an der Ampel neidische Blicke von gaffenden Fiat-Fahrern. Porsche hat für eine Studie Kinder gefragt, was ihr Vater denkt, wenn neben ihm ein 11er hält. »Arschloch!«, war eine der häufigsten Antworten. Und Neid ist immer noch die höchste Form der Anerkennung.

Im Business-to-Business-Umfeld gilt das genauso: Der Müllermeister wertet seine Mühle auf, wenn er seinen Kunden zeigt, dass er ihr Korn nicht mit einer 08/15-Mühle mahlt, sondern mit einem Mahlwerk von Bühler aus dem ostschweizerischen Uzwil. Die Marke ist für getreideverarbeitende Betriebe das, was Bosch für die Autoindustrie ist. 66 Prozent des weltweit konsumierten Weizens laufen durch eine Bühler-Maschine, und man ist maßgeblich beteiligt an der Herstellung von 65 Prozent aller Schokoladen- und 50 Prozent aller Pasta-Produkte. Den Endkunden, der sich im Supermarkt für Golden Toast und gegen Lieken Urkorn entscheidet, beeindrucken diese Dimensionen nicht. Für die Großbäckerei, die den Mehllieferanten wechseln möchte, ist ein Bühler-Maschinenpark hingegen ein Indiz für die Qualität und die Zuverlässigkeit der Mühle und die Vorstellung von 66 Prozent der weltweiten Weizenproduktion auf einem Haufen atemberaubend und imageprägend par excellence. Starke Markenimages gibt es also auch in der Industrie. Wer ihre Wirkung kennt, macht sie sich zunutze.

Genau für diesen Blick nehmen sie gequält lächelnd in Kauf, dass es in ihrem geleasten Porsche mit null Anzahlung so unbequem ist. Zugeben würden sie es niemals.

Nicht zu vergessen die Innenwirkung: An einer tollen Maschine arbeitet man viel lieber, engagierter, genauer, produktiver.

Klarheit und Einfachheit gewinnen: Je präziser das Markenimage, desto einheitlicher sind die Bilder, die Kunden mit der Marke verbinden. Starke Bildwelten erlauben ein intuitives Urteil darüber, ob man sie mag oder nicht. Je eindeutiger das Image, desto stärker spricht es bestimmte Zielgruppen an und desto konsequenter schließt es andere aus: Apple gehört in Werbeagenturen, aber nicht auf Intensivstationen. Die Anwender verbinden die Marke mit Lifestyle, Musik, Design. Für ernsthaftere Themen wie Gesundheit, Marktforschung und Unternehmenssanierung gibt es Siemens und Lenovo. Apple tut sehr gut daran, sich aus diesen Märkten rauszuhalten. In Palmolive kann man die Hände baden, antibakteriell sauber werden sie aber nur mit Sagrotan. Jack Wolfskin ist was für Hobby-Kletterer, aber nichts für Profi-Bergsteiger. Markenführung erfordert Mut zum Anderssein. Everybody's Darling is Everybody's Depp, weil der Brei, der jedem schmecken soll, so fad ist, dass keiner ihn will.

Lenovo vor allem, wie geil: Da sind die Scharniere bei den Notebooks noch aus echtem Metall.

Phonak fährt eine Everybody's-Darling-Strategie. Hat das Unternehmen nicht mal die Tour de France gesponsert? Dann ist das bestimmt was mit Medizin … oder mit Doping … oder eine Bank? Nein, Phonak ist ein führender Hörgerätehersteller aus der Schweiz – das, was Boss bei Anzügen ist. Er hat es aber nie geschafft, ein vergleichbar klares Bild zu etablieren. Seit dem Tour-Sponsoring kennen viele Menschen den Markennamen, assoziieren ihn aber eher mit den negativen Aspekten des Profi-Radsports als mit den positiven der Hörgeräteindustrie. Seit 2007 ist Phonak bei der Tour raus. Gut so, weil Radfahren mit Besser-Hören nichts zu tun hat. Jetzt profiliert sich Phonak mit der Kampagne »Hear the World« im kulturellen Bereich, um auf die Bedeutung des Gehörs und die Auswirkungen von Gehörverlust aufmerksam zu machen. Das ist wichtig, aller Ehren wert und deutlich näher am Produkt. Aber es hilft nicht dem Unternehmen, sondern der Branche: Schwerhörige werden zwar sensibilisiert, aber nicht auf die Marke konditioniert. Stattdessen ist es gut möglich, dass sie beim Hörgeräteakustiker nach einem Gerät von Kind fragen. Dessen Marketing zahlt auf seine – und nur auf seine – Marke ein. Mit der Botschaft »Ich hab ein Kind im Ohr« macht das Unternehmen alles richtig. Auf Plakaten und in Werbespots bekennen sich Prominente mit dem Fingerzeig aufs Ohr zu Hörgeräten und zu einem offenen Umgang mit Gehörverlust. Die Bildwelt und die Tonalität sind nicht so künstlerisch wie bei Phonak, aber

Evonik hat mit Fußball auch nichts zu tun. Entscheidend ist, dass das Produkt zu komplex ist, um es in drei Wochen Tour de France zu erklären. Strom ist dagegen nicht erklärungsbedürftig. Man braucht ihn immer, und Fußball läuft immer. Das funktioniert.

sie schaffen eine direkte Verbindung zum Problem und zur Lösung. Das hilft bei der Entscheidung und verschafft der Marke Kind steiles Wachstum.

Wer nur argumentiert, wird nicht gehört: Der Kunde muss intuitiv entscheiden können, ob eine Marke zu ihm passt oder nicht. Kann er das nicht, ist das Markenimage zu schwach oder zu unkonkret. »Wir müssen an unserem Image arbeiten. Irgendwie mehr Passion, Love und Green …« Wer so startet, um sein Image aufzumöbeln, steckt das Geld besser in ein Kostensenkungsprogramm statt in eine Werbeagentur, die aus der Aussage flippige Texte und bunte Bilder macht. Ein Unternehmen, das nicht passioniert ist, ist kein Unternehmen. Diesen Aspekt als imageprägenden Faktor zu nutzen, schafft so viel Differenzierung wie Autowerbung, die die Vorzüge von vier Rädern auf einmal preist. Und die Liebe, das höchste Gut der guten deutschen Literatur, haben die Markenleute völlig verhunzt: »Aus Liebe zum Automobil«, »Wir lieben Lebensmittel«, »We Love to Entertain You« … Was denn nun? Und was glauben die Kreativen eigentlich, welche Bilder normalen Menschen zum Stichwort Liebe einfallen? Solche Menschen, die nicht ständig in der von großen Worten und kleinen Inhalten geprägten Werbewelt unterwegs sind. Und die gibt es zuhauf! Sie denken bei Liebe an Romeo und Julia, den ersten Kuss und Schmetterlinge im Bauch und nicht an Autos, Frischobst und Stefan Raabs Perlweiß-Lächeln auf ProSieben. Solche Bildwelten irritieren sie sogar.

Pirelli präsentiert seine Kollektion jedes Jahr in einem Hochglanzkalender, der die Reifen zum Beiwerk ins rechte Licht gerückter Bikini-Schönheiten degradiert. Das freut den Trucker. Das Management von Pirelli darf sich aber nicht wundern, wenn die Marke eher mit Playboy als mit Michelin und Bridgestone verglichen wird. Erotik bringt in diesem Kontext zwar Differenzierung, verdrängt jedoch nicht den Wettbewerb, sondern entfernt Pirelli vom Kernmarkt. »Sex sells« hin oder her – wenn erotische Bildwelten dazu führen, dass der Unternehmenszweck in den Hintergrund gerät, muss man darauf verzichten. Besser

Passion kann schon differenzierend sein. Dazu muss man nur, zum Beispiel bei der Deutschen Bank und »Passion to Perform«, haarklein klarmachen, wo im rationalen Bankgeschäft Leidenschaft passiert.

Außerdem nutzt sich der Effekt irgendwann ab. Den Kunden begeistern heißt, ihn immer wieder neu zu überraschen. Den Pirelli-Kalender gibt es seit über 50 Jahren. Wo ist da noch das »Wow!«? Und den Bezug zu den Reifen hat er lange verloren.

macht es Inlingua: Der Schweizer Anbieter von Fremdsprachenkursen wirbt mit dem Slogan »Die strenge Sprachschule.« Strenge erzeugt im Kopf desjenigen, der freiwillig etwas lernen will, das Bild einer Oxford-Englisch sprechenden, Dutt tragenden, schmallippigen Lehramtsoffizierin, die einen zum Lernen antreibt. Hier wird gelernt und nicht gekuschelt. Strenge suggeriert Zielstrebigkeit, ungebremstes Feedback und den Leistungsdruck, den es braucht, um eine Fremdsprache im Klassenraum zu lernen. Ein Zusatz »Internationale Sprachschule«, wie ihn der Inlingua-Konkurrent Casa in Bremen trägt, besagt hingegen rein gar nichts: Wenn eine Sprachschule nicht international ist, ist sie keine Sprachschule. Er macht die Firma Casa kleiner als sie ist.

> *Viele Ablehner haben die bestimmt auch. Das hält die Klassen schön klein und macht die Marke richtig schön scharf.*

ZUM MITNEHMEN

- Die gute Marke ist simpel im Sinne von Einfachheit und Klarheit.

- Sie ist stark, wenn man sie kennt und wiedererkennt.

- Sie ist begehrlich, wenn der, der sie wahrnimmt, eine klare Meinung von ihr hat und eindeutig Position bezieht.

- Das starke Markenimage gibt Orientierung und färbt positiv auf das Image des Käufers ab.

- Im Zeitalter der Reizüberflutung benötigt die wirksame Differenzierung Präzision, Mut und Polarisierung.

- Auch Ablehner stärken das Image, weil eine starke Marke niemals für alle ist.

»Was macht die Marke, Frau Müller?«

Vice President, Chief Marketing Officer,
Mitglied des Vorstands, Opel

Weshalb Opel bald in und Abercrombie schon out ist

»Umparken im Kopf« ist die Kampagne, die mit Vorurteilen auf-
räumt: »68 Prozent aller Männer halten rothaarige Frauen für
feuriger«, provoziert sie auf Plakaten, in Straßenbahnen und im
Internet, um gleich darauf aufzuklären, dass 90 Prozent davon
noch nie eine kennengelernt haben. Und: »Wer schwul ist, kann
nicht Fußball spielen. – Es sei denn, er war deutscher Meister.«
Und: »Aus Sicht der Physiker kann die Hummel unmöglich fliegen. – Der Hummel ist das egal.« Hinter der Kampagne, die sich
offiziell ohne Absender präsentiert, steht Opel, und hinter Opel
steht die Marketingchefin Tina Müller. Sie möchte die Marke in
den Köpfen der Menschen umparken. Runter vom langweiligen
Wühltisch mit den austauschbaren Billigwaren, rauf auf den stylischen Catwalk der jungen Generation.

Stylish? Catwalk? Junge Generation? Wie geht das mit Opel
zusammen? Opel ist langweilig, so die gängige Meinung deutscher Automobilisten. Die Marke steht für den Omega 2.0 und
den Wackeldackel auf der Hutablage, für profilloses Design und
spießige Fahrzeughalter. »Jeder Popel fährt 'nen Opel«, singen
die Prinzen, und diese Überzeugung hat sich festgesetzt. Ein
Vorurteil, wenn man aktuelle Modelle wie den Adam, den Mocca, den Cascada anschaut. Eines jedoch, gegen das man mit
rein rationalen Argumenten nicht ankommt.

Deshalb braucht der Ingenieurkonzern General Motors, zu
dem Opel gehört, eine Markenfrau, die nicht alles über Zylinder und Drehmoment weiß, dafür umso mehr über die Bilder in
den Köpfen der Menschen. Sie ist Quereinsteigerin, kommt aus

der Kosmetikbranche, von Henkel. Das merkt man, und das ist gut so. Den Kontrast zwischen Schmieröl und Gesichtscreme braucht es, um den eingestaubten Blitz aus Rüsselsheim aus dem Dornröschenschlaf zu wecken. »Ich bin ja nicht vom Fach. Deshalb sage ich einfach mal, wie ich das sehe«, fängt die Neue im Opel-Vorstand ihre Präsentationen gern an, um dann vor den Ingenieuren in Rüsselsheim und Detroit Tacheles zu reden: »Wir bauen wieder richtig tolle Autos. Das ist aber nichts wert, solange die Kunden es nicht merken, weil schon das Probefahren eines Opels als imageschädigend angesehen wird. Zuallererst brauchen wir ein positiveres Image.«

Wenn man mit der S-Bahn in den Rüsselsheimer Bahnhof einfährt, fragt man sich, wie das mit dem besseren Image klappen soll, mitten im Nirgendwo zwischen Frankfurt, Darmstadt und Mainz. Zwar heißt und atmet alles Opel: Adam-Opel-Straße, Dr.-Fritz-von-Opel-Platz, Opel-Werk … Aber das ist alles eher noch der alte Mief als schon der neue Duft von »Wir leben Autos«. Aber gut, auf geht's mit einem der unzähligen Opel-Taxis zum neuen Headquarter, dem »Adam Opel-Haus«. Da fängt sie an, die neue stylische Welt von Opel: viel Glas, viel Licht, viel Raum. Im Eingangsbereich eine ganze Armada von Amperas, diesen raumschiffartigen Elektrofahrzeugen. In der Halle glänzen der Adam, der Cascada und der Insignia um die Wette, mit Lederausstattung, Siri-sprachgesteuertem Navigationssystem (Siri, das ist die nette Dame aus dem Apple-Handy, die immer erst sagt, sie sei nicht verfügbar, und dann doch hilft) und mannigfaltigen weiteren Gadgets. Man spricht hier viel Englisch, zwischendurch fängt man ein paar Brocken Hessisch auf. Zukunft braucht auch bei Opel Herkunft.

Die wichtigste Waffe gegen die Rüsselsheimer Tristesse heißt Jürgen Klopp. Der passt zur Marke wie Hannelore zu Heino. Ein Erfolgstyp. Kantig, geradeheraus, uneitel. Ihm nimmt man ab, dass er Insignia fährt. Außerdem trainiert er Borussia Dortmund, den Verein, der schon geschafft hat, was man sich für Opel erst vorgenommen hat: den Aufstieg vom Fast-Pleiteverein in die europäische Spitzenklasse. Herrn Klopp auf Fußball zu reduzieren, greift allerdings zu kurz. Genauso wie es zu kurz greift, das Opel-Klientel auf Männer zu beschränken. »Für viele Frauen ist Jürgen Klopp einer der attraktivsten deutschen Männer. Und Frauen sind eine wichtige Zielgruppe für uns«, betont Tina Müller. Der Damenwelt sind Anzahl und Anordnung der Zylinder nicht ganz so wichtig, dafür haben sie umso mehr Freude an Design, intelligenter Ausstattung und pfiffigen Vermarktungsideen. Also lieber nicht mit allen anderen Wettbewerbern nur um die Gunst der Männer buhlen, wo eine Spur mehr Weiblichkeit schon hochdifferenzierend wirkt.

Im Kern der Marke steht nach wie vor die deutsche Ingenieursqualität. Das kennen die Leute, und sie schätzen es. Man steht aber auch für Design, Affordability (Bezahlbarkeit) und digitale Vernetzung. »Opel ist demokratisch. Die Fahrzeuge sollen nach Premiumklasse aussehen, aber erschwinglich sein«, bringt Frau Müller es auf den Punkt. Opel wird sexier. Deshalb präsentiert sich der neue Adam in der Werbung nicht in herkömmlicher Wir-stellen-ein-Auto-auf-die-Straße-und-fotografieren-es-Manier, sondern in einer kunstvoll-erotischen Fotostrecke des kanadischen Rocksängers Bryan Adams. Er hat sich einen Namen als Fotograf gemacht: die Queen, Michael Jackson und Amy Winehouse standen ihm schon Modell. Das klassenlose, demokratische Modell von Opel im Camouflage-Look, inszeniert in tollem Licht mit noch tolleren Frauen – »The Adam by Bryan Adams« überzeugt schon durch das gelungene Namensdoppel. Ein Typ zudem, den die Frauen toll finden und die Männer cool. Wie der Klopp, nur ganz anders.

Reichen Klopp, Adams und »Umparken im Kopf« dafür aus, Opel langfristig erfolgreich zu machen? Natürlich nicht. »Im Kaufentscheidungsprozess des Kunden stehen wir noch ganz am Anfang. Die Leute denken positiver über uns, das zeigen die Imagewerte, die wir monatlich erheben. Vom Image über das Erwägen und Ausprobieren bis hin zum Kauf ist es aber noch ein weiter Weg«, gibt sich Tina Müller bescheiden. Für machbar hält sie es ganz entschieden: »Der Kapitän, der Admiral, der Manta. Das waren nicht nur Autos. Das waren echte Statements, die ihre Zeit geprägt haben. Da müssen wir wieder hin, und da werden wir wieder hinkommen.« Opel hat den glasklaren Anspruch, wieder zur führenden europäischen Automarke zu werden. Asien, wo die anderen General-Motors-Marken Chevrolet und Cadillac schon etabliert sind, ist aktuell kein Thema: erst einmal in der Heimat stark und sauber neu aufstellen.

Im vergangenen Jahr ist Opel in Europa gegen den allgemeinen Trend schon leicht gewachsen. Die Autos sind gut, die Marke ist etabliert. Der Feind heißt Volkswagen; immerhin hat man sich in Wolfsburg Opel schon zum Vorbild genommen: Der aktuelle Slogan »Das Auto.« von Volkswagen war 1969 der Slogan für den Opel Kadett. Jetzt muss nur noch das Image dauerhaft positiver werden. Der Anfang ist gemacht und mit Tina Müller sitzt eine Frau am Marketing-Ruder, die es gern hat, wenn es um sie herum rasant und herausfordernd zugeht. Könnte auch der Bayern-Coach Pep Guardiola für Opel arbeiten, Frau Müller? »Der Typ schon, aber der Verein geht gar nicht. Zu abgehoben, zu arrogant, zu glatt.« Warum sollte Opel auch mit den Bayern? Das hatte man schon von 1989 bis 2001 – lange vor Audi.

 **Versprechen:**

Wie es ist, wenn es im Laden anders als im Fernsehen ist

Eines der letzten ungelösten Rätsel der Menschheit ist, wie C&A es schafft, nicht pleitezugehen. Bei Woolworth begreift man es noch: Zum einen waren die schon ein paarmal pleite, zum anderen kaufen da immerhin die Leute, die a) kein Geld dafür haben, woanders zu kaufen, b) sich bei Karstadt nicht hineintrauen, obwohl Karstadt, wenn die so weitermachen, Woolworth in der gefühlten Markenwahrnehmung bald unterholt haben wird, c) noch nie woanders gekauft haben oder d) alles auf einmal. Das sind nicht wenige, im Gegenteil: Es werden immer mehr, weil die soziale Schere immer weiter auseinandergeht.

C&A hat einen hübschen Kanal auf Youtube. Zumindest bei Social Media ist man vorn mit dabei. Da laufen die ästhetisch wertvollen TV-Spots mit den jungen, gut aussehenden, naturfröhlichen Menschen, die sich was Neues zum Anziehen gekauft haben, und hinter ihnen her laufen riesengroße Preisschilder mit kleinen Preisen drauf. Die alten Menschen, die da mitspielen, sind genauso gut aussehend und naturfröhlich. Das ist eine schöne, frische, witzige, ungesehene Idee, mit der die Kleiderhändler die Chance haben, etwas zu schaffen, was tatsächlich mit ihnen in Verbindung gebracht wird, unverwechselbar »auf ihre Marke einzahlt«. Vielleicht läutet es einen Imagewandel ein: Weg vom Sozialkaufhaus für Leute, die nicht frieren wollen und deshalb was zum Anziehen brauchen, hin zum begehrlichen Geschäft mit begehrlicher Ware, wo man kauft, weil man will, und nicht, weil man muss.

Nun denn: Selbst mal wieder hin zu C&A, auch wenn's schwerfällt, die Spots sind einfach zu verführerisch! Kaum also in Frankfurt auf der Zeil mutig da rechts reingebogen, passiert es: Das vom Fernsehen so schön emotional aufgeladene

> *Ich bezweifle, dass das Fokussieren auf den Preis der richtige Weg ist. Wer über den Preis spricht, zwingt den Kunden, darüber nachzudenken. Das nimmt die Emotionalität raus, gefährdet die Investitionsbereitschaft des Kunden und lenkt ab vom Schönen, worum es in der Mode – anders als im Lebensmitteldiscount – vor allem geht.*

Bild im Kopf fällt in sich zusammen. Die Konfektions-, 4-Arm-, Ringkleider- und Was-sonst-noch-für-Ständer sind voll mit Sachen, die einen schreiend davonlaufen lassen. Auch weil es im Laden viel zu heiß ist und nach kaltem Kinderschweiß riecht, und das Personal macht den Eindruck, als sei es emigriert nach innen und vor allen Dingen spitz darauf, regelmäßig die vielen Anziehsachen auf den vielen Ständern durchzuzählen. Und die Gewerkschaft verkündet mit dem handgemalten Schild an der Ladentür all denen, die sich ob der tollen TV-Spots aufgerafft haben, dass heute Betriebsversammlung ist und der Klamottengulag deshalb geschlossen bleibt. Masterfrage: Von welchem Massimo-Dutti-Store haben die Leute aus der Werbeabteilung bei C&A diese geilen Anziehsachen in den Spots und was haben sie den hübschen Mitbürgern vor dem Dreh dafür gegeben, damit die da in den Teilen so naturhappy herumtollen?

Bedenke, wo du herkommst: Es ist nicht schlecht, wenn ein Unternehmen sehr konservativ oder extrem bodenständig ist. Das sind alles keine Schimpfworte. Dann ist dort auch die Abteilung, die sich um die Marke kümmern müsste, noch die Werbeabteilung oder – im etwas besseren Fall – »das Marketing«. Da macht man das, was Werbung heißt oder früher Reklame hieß, aber noch nicht Markenkommunikation. Es kann gut sein, dass die Mama vom Seniorchef noch über das Budget wacht und die Reklamekraft gleich am 7. Januar, wenn es mit dem Werben wieder losgeht, mit dem Nötigsten dafür ausstattet, auch im neuen Jahr die vierfarbigen, formatfüllenden Doppelseiten im Fachmagazin des hundertjährigen Vertrauens schalten zu können. Diese wahlweise mit der Überschrift »Innovation durch Kompetenz« oder »Kompetenz durch Innovation«. Wenn das Unternehmen so ist, muss es auch Reklame machen, die genauso konservativ bis bodenständig ist. Das ist dann echt, pur, unverfälscht, geradeheraus und gibt ein Versprechen, das im Laden und am Regal auch gehalten wird. Damit werden nur die Menschen angesprochen, die genauso konservativ bis bodenständig sind. Zu solch einer Zielgruppe sagen die Markenleute »Milieu«. Hier handelt es sich um das Milieu der »Bürgerlichen Bewahrer«,

> *Das genau ist doch identitär! Bei C&A werden die Schilder noch vom Schauwerbegestalter gemalt. Bei Massimo Dutti kommen sie viersprachig aus dem spanischen Zentralrechner.*

> *Genau! Aus Sigmar Gabriel wird auch kein Balletttänzer mehr.*

und die bilden eine riesengroße Bevölkerungsgruppe, die ein Laden wie C&A bis zum jüngsten Tag mit hellbeigen Jacken und dunkelbeigen Breitcordhosen ausstatten und dabei echt gutes Geld verdienen kann. Vorausgesetzt, die Konservativen und die Bodenständigen wachsen immer nach. Davon ist auszugehen.

Schlecht dagegen, wenn der mit der Scholle verbundene, dörflich Verwobene plötzlich auf Weltbürger macht, ohne dass sich substanziell etwas ändert. Es nimmt ihm keiner ab, wenn er auf einmal die Attitüde desjenigen hat, der sonntagnachmittags mit der Cartier Tank Americaine am einen und der Jeanette am anderen Arm in Les Tuilieries flanieren geht. Wer abhebt und die Bodenhaftung verliert, ist nicht mehr echt. Und was nicht echt ist, ist halt falsch! Das ist bei einem Menschen genauso wie bei einem Unternehmen. C&A würde, wäre der Laden ein Mensch, nicht in Paris spazieren gehen, sondern am Baggersee in Rodgau – mit der Junghans Quartz am einen und der Doris am anderen Arm. Vielleicht ist das erstrebenswerter: In Rodgau ist die Luft viel frischer, es sind nicht so viele Leute unterwegs und Kaffee und Kuchen sind günstiger. Und wenn man besonderes Glück hat, gibt's draußen nicht nur Kännchen.

Was so ist, ist der wahre Genuss: Es gibt Markenleute, die sagen, der Point of Sale habe ausgedient. In Zeiten, in denen weniger mehr und das schönste Kleine das wahrste Große ist, sind es eher die kleinen, genussvollen Erlebnisse, die dem Menschen ein Glücksgefühl verschaffen. Schneller, höher, weiter, der tolle Dreisprung der Neunziger- und Nullerjahre, ist vorbei. Man spricht lieber über Nachhaltigkeit und zusehends tut man auch was dafür. Es müssen nicht mehr die Malediven sein. Es gibt Menschen, die sehr froh darüber sind, dass sie dieses Jahr nicht zum Christmas-Shopping nach New York fahren. Viele schaffen ihr Auto ab und lassen sich von Drive-Now einen kleinen Chip auf den Führerschein kleben, mit dem sie in immer mehr Städten einen schicken BMW 1er oder einen niedlichen Mini vom Straßenrand weg chartern und ihn, wenn sie bei Ikea fertig sind, irgendwo am Straßenrand wieder abstellen. Bezahlt wird

> *Selbst für die lohnt es sich, die Ladenbauer mal ranzulassen: Negativ auf die Unternehmung von C&A wirkt, dass die Geschäfte so wenig einladend gestaltet sind. Das schlägt aufs Gemüt, auch auf das der Mitarbeiter.*

> *Noch wird geredet. Und wo etwas getan wird, ist die Preisbereitschaft für Grün sehr gering. Klare Gefahr von Greenwashing: Man tut nur so viel, wie man nicht mehr verhindern kann.*

> *Der betuchte Kunde zahlt für weniger Besitz und mehr Flexibilität gern mehr: Sharing ist hip. Die zeitgemäße Marke verkauft sich nicht – sie verleiht sich.*

nach Minute, über Kreditkarte, fertig. Das alles kommt gerade recht in einer Zeit, in der es von allem alles gibt und von allem zu viel. Am liebsten fährt man zum Langlaufen, macht sich nach der Runde eine Tasse Schokolade mit belgischer Dolfin Trinkschokolade (60 Prozent schwarz-weiß, die 350-Gramm-Dose zu 12,90 Euro), und freut sich daheim auf der Chaiselongue darüber, dass man alles hat, was man mit Geld kaufen kann, und das die beste Voraussetzung dafür ist, jetzt das Wünschenswerte von dem zu bekommen, was man mit Geld nicht kaufen kann – Freude, Freunde, Liebe, Genüsse, das gute Gefühl, Glück …

Die Markenberatung brandamazing stellte 8.230 Konsumenten die Frage »Wie genießen Sie denn?«. Dafür definierte sie fünf zeitgemäße Milieus, sogenannte Genießertypen: »Broadway-Genießer« sind extrovertiert und fühlen sich in Gruppen und bei gesellschaftlichen Anlässen besonders wohl. Sie sind selbstsicher, lieben es, sich zu inszenieren, und haben oft ein heiteres und aktives Gemüt. »Mayflower-Genießer« sind wissbegierig, fantasievoll und experimentierfreudig. Sie hinterfragen bestehende Normen kritisch, und neue, ungewohnte Erfahrungen bereiten ihnen besonders viel Vergnügen. »Filofax-Genießer« sind gewissenhaft, organisiert und sorgfältig. Wenn alles nach Plan läuft und es keine Überraschungen gibt, fühlen sie sich besonders wohl. »Bambi-Genießer« sind liebevoll und hilfsbereit. Sie genießen harmonische Situationen, die sie kennen. »Impuls-Genießer« wissen nicht so recht, was sie wollen, und probieren vieles aus. Sie sind häufig sprunghaft und an allen möglichen Themen interessiert. Genießen fällt ihnen grundsätzlich schwer.

> *Hier besteht großes Differenzierungspotenzial für die, die klein sind und bewusst klein bleiben wollen. Die Confiserie Sprüngli in Zürich, das Hotel Sacher in Salzburg, Clärchens Ballhaus in Berlin … Diese Orte haben Markenkraft, weil es den Genuss, den man dort erfährt, nur einmal gibt.*

Den hundertprozentig reinen Typen gibt es nicht. Niemand ist bloß dieser oder jener Genießer. Jedoch hat jeder Mensch eine Hauptausprägung und findet sich in einem dieser Typen am ehesten wieder. Wenn ein Unternehmen bemerkt hat, dass es heutzutage eher die kleinen, leisen Begeisterungen sind, die nicht am Point of Sale, sondern am Point of Genuss zählen, und sein Angebot an Produkten und Dienstleistungen auf der Grundlage seiner Markenpersönlichkeit ganz bewusst und ganz spitz auf diese Genießertypen ausrichtet, muss es tatsächlich weniger tun und kann mehr erreichen; dabei, diesen einen Typus Konsument so anzusprechen, dass er sich hundertprozentig »abgeholt fühlt« – wertgeschätzt, ernst genommen, angesprochen, umgarnt, begeistert. Dann ist das Markenversprechen genauso trennscharf formuliert, und es kann viel leichter gehalten werden. Weil man nicht mehr mit der Kundenumgarnungsschrotflinte auf alles losballert, was da draußen konsumentenmäßig kreucht und fleucht, sondern vielmehr genau weiß, wen man mit ganz gezielt abgefeuerten Botschaften mitten ins Herz trifft. Für alle anderen Zielgruppen, die Genießertypen, die nicht im Fokus stehen, braucht man dann nichts zu tun, weil man sie nicht als Kunden will. Deshalb können all diese anderen auch nicht enttäuscht werden: Man hat ihnen ja nichts versprochen.

Inzwischen hält 1&1 sein Markenversprechen. Bis dahin war es ein langer Weg. War das ein Hassladen! Billigheimer, pornös teure Servicerufnummer ohne Service, endlose Warteschleife mit grottoider Musik, verstands- und sinnfrei programmierte sprachgesteuerte Automaten, nach innen emigrierte Callcenter-Mitarbeiter, kryptischer Accountverwaltungszugang und ebensolches buntes Papier im Briefkasten, immerzu. Hilfe! Bei 1&1 war man nur, wenn man als Sparbrötchen schlauer sein wollte als all die anderen bei Telekom, D2, Arcor und o2 zusammen. So als smarter Bambi- und Filofax-Genießer – genau wissen, was man kriegt und was man dafür bezahlt, und ansonsten seine Ruhe haben. Wobei man dann schnell zwangsweise zum Mayflower-Genießer ganz ohne Genuss wurde: Jedes Mal alles neu, alles anders, eine andere Störung, ein anderer Ansprechpartner mit anderem Kenntnisstand der aufgelaufenen Problematiken, andere Servicerufnummern und Gebühren …

Wer seine Servicetelefonnummer im Impressum versteckt, hat was zu verbergen. Verbraucher wissen das inzwischen.

Unter dem Strich echt viel zu entdecken, die Vertragslaufzeit war dafür lang genug. Man wurde gezwungenermaßen wissbegierig (irgendwer muss das Passwort ja kennen), fantasievoll (irgendwie muss die Abrechnung doch zu entschlüsseln sein) und experimentierfreudig (irgendwann muss es mit dem ganzen Mobilfunkmist doch möglich sein zu telefonieren).

Dann wollen die Damen und Herren Strategen bei 1&1 den Imagewandel. Von jetzt auf gleich. Sie machen ein Markenversprechen, das sie garantiert nicht halten können – Marken-GAU mit Ansage. Dafür machen sie den langjährig abhängig Beschäftigten Marcell d'Avis zum »Leiter Kundenzufriedenheit« und bläuen uns allen ein, was wir angeblich davon haben. Aus allen Kommunikationsrohren, auf allen Kanälen, rücksichtsfrei. Allein der Name »Avis« steht nicht für Autovermietung, sondern für Ansicht, Meinung, Bekanntmachung, Mitteilung. Das, wird suggeriert, kommt jetzt von einem echten Menschen und nicht vom Automaten – revolutionär bis sensationell bei den All-Net-Flat-Experts im Westerwald! Das Schönste: Herr d'Avis spricht auch so im Werbespot, in dem er mit seinem guten Namen dafür geradesteht, dass ab jetzt alles besser wird: »Die neust' Innovation, das bin isch.«

Weniger schön: Nichts wird besser, dafür alles anders schlimm. Der TV-Spot mit Herrn d'Avis ist einfach viel zu früh on air gegangen, und dann auch noch mit der persönlichen Frustablade-Mailadresse davis@1und1.de und dem Versprechen, dass man sich ganz individuell um Antworten auf mannigfaltige Fragen bemühe. Von null auf hundert wird Herr d'Avis und mit ihm die ganze Company, gänzlich unvorbereitet auf die Menschlichkeits- und Serviceoffensive, von frustrierten Usern überrollt. Die Mails bleiben wochenlang liegen und substanziell ändert sich nichts. Es gibt Shitstorms überall, lustige d'Avis-Parodien auf Youtube und auch im richtigen Leben Häme eimerweise – Nichtempfehlungsmarketing. Schließlich wird erst die persönliche Mailadresse abgeschafft, dann die öffentliche Person Marcell d'Avis, und er tritt zurück ins Glied der normal abhängig Beschäftigten.

1&1 hat den gleichen Fehler gemacht wie später C&A. Auch hier kam extern vor intern, und das war auch hier genau verkehrt herum. Die Produkte und Dienstleistungen, die Struk-

> *So viel Werbepower hat 1&1 nicht, dass man bei Herrn d'Avis nicht automatisch die rot-weiße Marke im Kopf hat.*

> *Werbung wirkt zuerst nach innen. Wenn Sachen versprochen werden, die der Mitarbeiter nicht halten kann, stellt er sich innerlich gegen das Unternehmen und verbündet sich mit dem frustrierten Kunden: »Die da oben spinnen. Du hast recht. Ich gebe dir einen Preisnachlass, und wir vergessen die Sache.«*

turen und Mitarbeiter waren nach den langen Jahren der tief verinnerlichten, passionierten Schlechtbehandlung von Käufern und Verwendern noch lange nicht bereit für den revolutionären Imagewandel und die Serviceoffensive. Inzwischen hat man dazugelernt im Westerwald und das Unternehmen bringt sich Stück für Stück als menschen- und servicefreundlich zurück ins Gespräch; einfach durch das Tun rundum freundlicher und bemühter, ganz anders eingestellter Mitarbeiter, durch kürzere Reaktionszeiten, proaktiv herbeigeführte Lösungen und das daraus resultierende gute Gefühl auf Kundenseite. Telefongespräche sind jetzt kostenlos – was seit jeher eine Selbstverständlichkeit sein sollte. Man ruft einfach diese eine kurze Nummer in Karlsruhe an und dann geht nach einer ziemlich kurzen, sehr gut funktionierenden automatisierten Abfrage dessen, was man auf dem Herzen hat, ein echter 1&1-Mensch ran, der grundfreundlich ist und erstaunlich gut informiert über das, was bisher geschah, weil die Kollegen vor ihm erstaunlich gut notiert haben, was Phase ist bei dem fraglichen Mobil- oder DSL-Anschluss. Außerdem sind alle extrem gut geschult und dadurch extrem belastbar, was Unflätiges angeht.

Ach, die gehen jetzt ans Telefon? Es ist erschreckend, wie wenig es inzwischen für die Kundenbegeisterung in der Telekom-Branche braucht.

Schließlich ist der Mensch bei 1&1 im Moment der Beschwerde genauso die ganze Firma 1&1 wie die Christel hinterm Schalter dann nicht nur die von der Post, sondern die ganze Post ist, wenn das Paket von Zalando erst beim Nachbarn gelandet und dann verschwunden ist und man die Christel dafür anschreit – aber nicht vor Glück. Die Herrschaften beherrschen jetzt die Tugend Nummer 1 im geschäftlichen Miteinander: »aktiv zuhören«, und sie verzichten jetzt auf Tugend Nummer 2 »beredt schweigen«. Da wird man doch gern nach 16 Jahren Telekom Kunde bei 1&1; ist sowieso alles das Gleiche, nur günstiger. Das besonders dann, wenn der Telekom nach der Kündigung nichts Besseres einfällt, als ihre Billigtochter Congstar anrufen zu lassen: Ob denn da noch was ginge, was die nächsten 16 Jahre angeht?

Markenerlebnis des Kunden und Markenverhalten des Mitarbeiters gehören untrennbar zusammen. Nur wenn der Mitarbeiter die Routineprozesse beherrscht, bleibt ihm Zeit und Muße für besondere Momente der Kundenbindung.

Kurze Rede, langer Sinn: Wer durch Tun überzeugt, braucht seinen Leiter Kundenzufriedenheit nicht in den Mittelpunkt der

Werbung zu stellen. So jemanden basht die Online-Crowd sowieso in den digitalen Orkus. Wenn man erst die Fakten schafft und dann über sie redet, dürfen die TV-Spots und die Anzeigen sogar so schrecklich sein wie immer. Das beweist 1&1 par excellence. Sei's drum, man will ja schön telefonieren und nicht schöne Werbung schauen.

Manche Unternehmen machen von Anfang an alles richtig. Das geht besonders gut, wenn sie neu am Markt sind. Und wenn die Gründer sehr erfahren sind, außerdem im besten und konstruktivsten Sinne visionär. Ziemlich toll im Sinne der hundertprozentigen symbiotischen Verbindung aus Versprechen machen und Versprechen halten ist Motel One. Da weiß man derart, was man hat, wie damals nur bei Persil: jedes Zimmer exakt 15,8 Quadratmeter groß und immer exakt gleich eingerichtet. Der Mensch ist ein Gewohnheitstier, da macht er gelernte Handgriffe wie den nach der Fernbedienung, die niemals woanders liegt, besonders gern.

> *Das Letzte, was der müde Hotelgast braucht, ist die Suche nach dem Lichtschalter und die Minibar. Wahre Convenience ist der Komfort, den man wirklich braucht.*

Dabei steht »Motel« für preiswertes Übernachten und »One« für die Nummer eins in diesem Segment. Damit die Häuser sich trotz aller Standardisierung abheben von anderen 3-Sterne-Hotels, setzt der Gründer Dieter Müller voll auf den lifestyligen Auftritt. Für, je nach Auslastung, 49 oder 59 oder 69 Euro sind für eine Nacht enthalten: der Loewe-Flatscreen-Fernseher (völlig vergleichbar gibt es den auch von Samsung), die zwei Tolomeo-Alulampen von Artemide überm Bett (da kann jeder mitreden), der Boden in der Dusche von Kaldewei (auch okay, kennt man, mag man) und – jetzt kommt's! – der Wasserhahn von Dornbracht. Das ist der gefühlte Rolls-Royce unter den Wasserhähnen, bei 250 Euro für die schnöde Standardwaschtischbatterie geht's los. Dabei gibt es Grohe und Hansgrohe (genau, das sind verschiedene Hersteller) locker für die Hälfte.

> *Hansgrohe kennt der Eco-Schläfer, Dornbracht nicht. Von daher ist das teure vertane Markenliebesmüh.*

Nicht herauszufinden sind die Hersteller der Matratze mit eingesticktem Motel-One-Logo und von Toilette, Waschtisch und Fliesen. Auffällig sind die riesengroßen Wandfliesen in der Dusche. Das sieht nicht nur großzügiger aus, sondern putzt sich auch besser; weniger Fugen werden weniger schmutzig und setzen weniger Schimmel an. Das spart Kosten, beim Putzen wie durch den verlängerten Renovierungszyklus.

In der Lobby geht es weiter: Die türkisblau gekleidete Empfangskraft reicht bereitwillig die Auflistung den Designikonen rüber, die das türkisblaue Haus so unverwechselbar wie behaglich machen. Man hat das Bild vom türkisblauen Meer im Urlaub auf den Malediven im Kopf, wie schön. In der Lobby jedes Hauses gibt es das Markenzeichen per se – den Egg Chair von Fritz Hansen in Türkisblau, bestimmt Sonderfarbe, und davon gleich mehrere, Listenpreis 4.629 Euro. Außerdem die Zettl-Lampe von Ingo Maurer (mit Glück für 615 Euro), die Couchtische von B&B-Italia (auch kein Schnäppchen) vor dem Flatscreen mit dem Kaminfeuervideo im Winter und dem Aquariumvideo im Sommer und die Luceplan-Leuchten über der Rezeption (dto.). Dazu die türkisblauen Fingernägel von Frau Langer hinterm Tresen im Haus Köln-Waidmarkt. Die lackiert sie freiwillig so und ohne entsprechenden Passus im Arbeitsvertrag – priceless. Wie das alles geht zu dem Preis? Visionär, Gründer und Versprechenshalter Müller spricht von »Flächenoptimierung«. Es gibt keinen Schrank, keinen Safe und keine Minibar, natürlich auch kein Telefon und keinen Zimmerservice. Frühstück kostet extra, und – so sinnvoll wie revolutionär, denn es erspart das Schlangestehen vor dem Tresen am frühen Morgen – man bezahlt beim Einchecken. Wenn jetzt noch der Kaffee zum Frühstück aus einer original Franke-Maschine kommt … Das tut er: Reisendes Herz, was willst du mehr?

Jedes Motel One ist die real existierende Existenzbedrohung aller 2-Sterne-Häuser im näheren und weiteren Umfeld. Sie ist die erste Kette in dieser Preisklasse, die konsequent auf Design setzt. Und auf Herrn Müllers Formel für Erfolg: 1. attraktiver Preis, 2. hohe Qualität, 3. zentrale Lage. Ein vierter wesentlicher Faktor kommt dazu: Hier gibt es nichts Unerwartetes. Man bekommt genau das, was man erwartet. Das fokussiert den absolut geplanten Filofax-Genießer unter den Reisenden, ein wahres Filofax-Festival an allen Kontaktpunkten. All die Bam-

> *Für einen Zehner weniger würde ich auf den Designkram verzichten. Dann wäre es aber ein Hotel und keine Hotelmarke.*

bis, Mayflowers, Broadways und Impuls-Genießer können woanders schlafen. Lieber eine Zielgruppe unwiderstehlich umgarnen als alle nur ein bisschen. Beim kompromisslosen Design ist Motel One das Lehrstück schlechthin, gerade auch wenn man bedenkt, dass es sich um kompromisslose Systemhotellerie handelt, die alles andere als so daherkommt. Das geht in anderen Branchen auch.

Die große Kunst: den wirtschaftlich sinnvollen Systemgedanken spielen, ohne dass es der Kunde bemerkt.

Marke versprechen ist einfach. Und Markenversprechen halten kann so einfach sein. Es gilt die Grundregel des Lebens, dass man seine Kunden so behandeln soll, wie man selbst behandelt werden möchte. Viele erfolgreiche Unternehmen vergessen das irgendwann, dann sind sie schnell erfolglos. »Intern kommt vor extern« gilt in allen Branchen, im Konzern wie im Mittelstand, und überall fängt konsequentes »Marke-Leben« einmal an und hört dann nirgendwo mehr auf. Ein derartiges Versprechen wird jeden Tag neu formuliert und muss jeden Tag aufs Neue gehalten werden. Vor allem auch, weil es Jahre dauert, eine Marke aufzubauen, die Mitarbeiter zu involvieren und zu ihren Botschaftern zu machen und sie mit Marketing in allen Verästelungen zu kultivieren. Aber es dauert nur fünf Sekunden (wenn der Verkäufer am Tresen frech wird), fünf Minuten (wenn die Warteschleife endlos ist) und fünf Stunden (wenn die garantierte 12-Uhr-Lieferung um 17 Uhr kommt), um alle bisherigen Errungenschaften nachhaltig zu zerstören.

ZUM MITNEHMEN

- Ein Markenversprechen abzugeben reicht nicht. Es muss dann vor allem immer gehalten werden, sonst frustriert es und beflügelt nicht.

- Innen kommt vor außen: Wenn die eigenen Leute nicht wissen, wofür man steht, kapieren es die Kunden auch nicht.

- Markenversprechen müssen einfach sein. Wer dreimal nachfragen muss, was er erwarten darf, verliert die Lust am Kaufen.

- Versprechen müssen nicht hip, cool und stylisch sein. Auch »Wir sind langweilig und spießig – und das schon seit 100 Jahren« ist ein positives Versprechen: für Menschen, die genau das suchen.

- Versprechen müssen lange gültig sein. Allein das Unternehmen braucht Jahre, um sie zu lernen und kulturell umzusetzen.

- Wer nichts zu versprechen hat, darf nichts versprechen.

»Was macht die Marke, Herr Schlaubitz?«

Vice President Marketing, Lufthansa

Das Premiumerlebnis zwischen Kostendruck und 79 Zentimeter Beinfreiheit

Lufthansa ist eine der stärksten Marken Deutschlands, ohne ein Marketingunternehmen zu sein. Die Kranich-Airline ist in erster Linie ein Ingenieur- und Technologiekonzern. »Das ist halt so passiert«, heißt es außerhalb der Marketingabteilung, wenn man nach den Erfolgsfaktoren der Markenführung fragt: »Ein Topthema war Marke zumindest nie.« Bei der Lufthansa dreht sich alles um das perfekte Zusammenspiel von Boden- und Bordprozessen, um die optimale Planung und Auslastung des Streckennetzes, um das Einhalten von Sicherheits-, Umwelt- und Lärmschutzvorgaben. Nahezu alles ist in Prozessen definiert und sekundengenau geplant. Alles greift scheinbar lautlos und für den Passagier unsichtbar ineinander, damit der seinen Flieger pünktlich besteigen und damit sicher und komfortabel zu den entlegensten Orten der Welt gelangen kann. Die Markenwerte der Lufthansa: Glaubwürdigkeit, Führungsstärke, individueller Service, Innovation, Qualität. Das Markenversprechen: »Nonstop you«.

Wie soll »Nonstop you« funktionieren, wenn Kosten gesenkt werden müssen und die Wettbewerber Emirates, Etihad und Qatar Airways unerschöpfliche Barreserven aus dem Erdölgeschäft ihrer Eigentümer haben, wenn der Fluggast Spitzenservice erwartet und Bahnfahrt zweiter Klasse bezahlen möchte? »Der Claim fordert uns jeden Tag. Deshalb haben wir ihn gewählt«, sagt Marketingchef Alexander Schlaubitz. »Wir haben den Anspruch, eine 5-Sterne-Airline zu sein und als solche wahrgenommen zu werden. Dazu braucht es hundertprozentigen Kundenfokus.« Und es braucht einen wie Herrn Schlaubitz. Er ist kein Prozess-Freak, sondern zu 100 Prozent marketinggetrieben, mit spürbarer Begeisterung für Fliegen, Reisen, Menschen. Der Mann kommt von Facebook, wo er das Marketing für Europa, den Mittleren Osten und Afrika verantwortete. Eine kleine Sensation für Lufthansa-Verhältnisse: kein Eigengewächs, kein Airliner, von einer Megamarke kommend, deren Geschäftsmodell nicht einmal der Hauptaktionär komplett durchschaut. Diesen Gegensatz braucht es, um bei Lufthansa etwas zu bewegen und eine Topmarke der Vergangenheit zukunftsfähig zu machen.

Heißt das, dass bei der Lufthansa in Zukunft gebloggt und gepostet wird wie bei Facebook? »Nein, im Gegenteil. Ich habe das Thema Social Media auf der Agenda ziemlich weit nach hinten gesetzt. Ich will nicht als jemand wahrgenommen werden, der nur Social Media kann und gerade erst den Kapuzenpulli ausgezogen hat.« Stattdessen fokussiert Alexander Schlaubitz auf zwei Kernthemen: Marketingmaßnahmen, die echten Mehrwert für den Kunden bieten, und Marketinginhalte, die sich auf das besinnen, was den Unternehmenszweck der Lufthansa ausmacht: Reisen. Wenn Social Media dabei hilft, umso besser.

Mehrwert bietet Marketing dann, wenn es den Passagier in seiner akuten Reisesituation unterstützt oder entlastet oder ihm ein positives Erlebnis beschert. »Was bringt dem Fluggast ein Plakat mit einem schönen Foto und dem Versprechen ›Nonstop you‹, wenn er gerade den Flieger verpasst hat oder durch die Personenkontrolle muss?«, fragt Herr Schlaubitz, um dann die Antwort zu geben: »Nichts.« Im Flugbetrieb, der von enormer Komplexität und vielen Reibungen gekennzeichnet ist, muss man versuchen, negative Momente positiver zu gestalten. Deshalb denkt sein Team darüber nach, dem gestrandeten Passagier die ersten drei Kapitel eines Bestsellers zum Download zu geben, um die Wartezeit zu verkürzen. Auch sucht man nach einer charmanten Geste beim Nervthema Mitführen von Flüssigkeiten und Klarsichtbeutel: Ein »Liquid-Tütchen« mit Lufthansa-Logo, das der Passagier beim Check-in bekommt, würde bei der Kontrolle Zeit sparen und statt Ärger Freude bereiten. Kosten: vernachlässigbar. Noch eine Idee: Das »Willkommen zurück, mein Schatz!«-Schild zum Ausleihen, um Heimkehrern einen besonderen Empfang zu bereiten. Derartige Maßnahmen würden die Passagiere vermutlich mögen, sie verleihen dem sterilen und unpersönlichen Biotop Flughafen ein bisschen mehr You, mehr Herz, mehr Wert.

Als Rückbesinnung auf das, was Reisen ausmacht, beschreibt Alexander Schlaubitz den Schwerpunkt der neuen erlebnisorientierten Marke Lufthansa. »Destination Catching« – nur fliegen, um noch ein Baggage Tag an die Pinnwand hängen zu können – kann es nicht sein. Genauso wenig wie Geschäftsreisen, die man nur wegen des Geschäfts macht: »Reisen sollte immer auch eine Bereicherung sein. Wer zumindest 30 Minuten seiner Geschäftsreise nutzt, um sich umzuschauen, kommt inspirierter ins Meeting und nach Hause zurück.« Diese kleinen Erlebnisse will er fördern und ins Zentrum der Marketingkommunikation rücken. Das geht nicht, indem man dem Manager eine Stadtrundfahrt verordnet und dem Städteurlauber ein Kulturquiz. Um zu inspirieren, setzt die Lufthansa lieber auf ihr größtes Kapital: die Menschen, die für sie arbeiten. »In unserer Crew gibt es viele interessante Menschen, vom finnischen Zahnarzt über den promovierten Juristen bis zur spanischen Flamenco-Tänzerin«, begeistert sich Alexander Schlaubitz für die Breite und Tiefe der Biografien seiner Kollegen. »In ihrer Vielfalt ist sie einzigartig, differenzierend und nicht kopierbar.« Er lässt diese Menschen von ihren vielfältigen Erlebnissen, ihren Reisen, ihrer Kultur erzählen. Das kommt echter rüber als die üblichen Agenturtexte, vor allem lernt man etwas über Land und Leute.

Zu sehen, zu lesen, zu sharen sind diese Geschichten auf #inspiredby, dem »Social Hub« der Lufthansa. An einem Hub wie Frankfurt oder München steigen Fluggäste ein und um, vor allem wird gewartet. Menschen aus aller Herren Länder lernen sich kennen, erzählen sich von ihren Erlebnissen. Genauso ist es auf #inspiredby: Ann-Kathrin, Spanierin, Flugbegleiterin und leidenschaftliche Flamenco-Tänzerin, zeigt »ihr« Madrid. Stefan, Purser, macht einen kulinarischen Trip durch Lyon. Alles mit Liebe zum Besonderen. Paul van Dyk, deutscher DJ von

Weltrang mit zweieinhalb Millionen Followers auf Google+, ist so begeistert von dem Hub, dass er eigene Beiträge hochlädt. Immer mit dabei ist seine virtuelle Gefolgschaft, und die ist genauso mobil. Das sind wertvolle Kontakte, die Lufthansa nicht mehr kosten als die gute Idee.

Die Marke Lufthansa wird jünger, offener, zeitgemäßer, ohne ihren Markenkern – Komfort und Sicherheit – zu verwässern. Alexander Schlaubitz glaubt ganz besonders an eines: unvergessliche gemeinsame Erlebnisse beim Reisen mit Lufthansa. So unvergesslich und wertvoll wie auf Facebook. Nur in echt.

 ## Relevanz:

Kids, Tits, Animals und Kloppo reichen nicht

Eine Marke ist so facettenreich wie ein Lebewesen. Ihre Reputation fußt auf Kompetenzen, auf Werten und Werthaltungen, auf einer Vision und einer Mission. Diese Vielseitigkeit bildet die Basis für ihren Erfolg. Bei der Erarbeitung eines differenzierenden Markenimages sollte besonders beachtet werden, dass zwar alle Markeneigenschaften wichtig, aber nicht alle auch differenzierend sind. Unterscheidungskraft haben nur die Aspekte, die den Käufer beim Treffen seiner Auswahl unterstützen. Erst das schafft die Wirkung im Regal, im richtigen Leben genauso wie im Internet, im Fachhandel genauso wie im Endverbrauchermarkt, die es im Durcheinandergeschrei der um Aufmerksamkeit buhlenden Unternehmen und Produkte braucht. Wer das vermag, ist im Relevant Set der Kundschaft dabei; wer das nicht vermag, ist Ehrenmitglied im stetig wachsenden Klub der Bedeutungslosen.

> *Das ist bei Marken wie beim Bewerbungsgespräch. Da erzählt man ja auch nicht von all seinen Facetten, sondern nur von denen, die für das Gegenüber relevant sind.*

Wer Wirkung hat, hat diese Relevanz. Er wird gehört und wahrgenommen. Beim Skifahren fällt in der Schlange am Sessellift der auf, der diese geile Bogner-Jacke mit dem großen Audi-Logo auf dem Rücken anhat. Sieht aus wie was Offizielles, vielleicht ein Testfahrer? Man sieht ihn nur von hinten, denkt aber sofort: Der ist ein cooler Typ, und der fährt bestimmt wie die gesengte Sau. Die Assoziationen mit den beiden Marken sind einfach zu stark, und der Transfer ihrer Markenwerte – von Technologie über Sportlichkeit bis Design – auf diesen Menschen ist zu verlockend. Dann kommt es zwar anders: Oben stolpert er aus dem Lift und dann macht er sich ziemlich unsicher die blaue Piste runter. Aber Bogner und Audi sorgen dafür, dass er in der Wahrnehmung der anderen dennoch ein ziemlich guter Fahrer ist. Da wirken die starken Marken und strahlen auf die Menschenmarke ab. Die machen ganz viel richtig, wie die Sparkasse: »Wir machen das mit den Fähnchen!«, heißt es im Werbespot, wo die einfallslosen Manager von der Irgendwie-Bank im grauen Konfi sitzen und die nächste so einfalls- wie wirkungslose Kampagne ausschwitzen. Das geht schief, hat keine unterscheidende Relevanz bei der Kundschaft, ist die Botschaft. Die Sparkasse hat dagegen diese Wesentlichkeit. Das macht sie mit ihrer profilierten Persönlichkeit deutlich, von der jeder ein genauso profiliertes Bild im Kopf hat. Nachdem sie sich, auf dieser Basis, das mit dem so ungewöhnlich kreativen wie sympathischen Werbespot getraut hat, könnte sie »das mit den Fähnchen« sogar machen; vielleicht am Weltspartag, dann ist da wenigstens was zu holen, bevor sie ihn ganz abschafft. Das fähnchenschwenkende, lächelnde Volk der bürgerlichen Klein- bis Großsparer hätte sie auf ihrer Seite. Die Sparkasse macht inzwischen auch ganz viel richtig: Der bürgerliche Sparer ist ziemlich weit vorn, wenn er bei der Sparkasse spart.

Die Sparkasse ist so stark positioniert und ihre Marke so idealtypisch gehegt und gepflegt, dass bei ihr die mittelmäßigen Werbebudgets dann völlig ausreichen, wenn die Werber darauf achten, dass alles, was sie tun, auf die Marke einzahlt; und wenn die Entscheider weiterhin auf diese gute Art der ungewöhnlichen Werbung setzen, ganz ohne Plattitüden und dicke Hose. Das machen die Banken. Es erzeugt auch viel Thermik, aber so heftig wie kontraproduktiv. Teure TV-Spots mit zickigen Models am vermückten Strand in der Kailua-Bay sind toll für Werbepraktikanten, die mal rauswollen. Genehmigt werden sie von Unternehmen, die das mit den Fähnchen machen müssten, aber mehr Geld für etwas Effektstarkes ausgeben können.

»Kids, Tits und Animals ziehen immer«, sagten früher die Werber. Das ist vorbei. Auch Jürgen Klopp zieht nicht immer: Die Unternehmen von Philips Rasierer bis Opel, die ihn buchen, haben zuvor ganz lange in der ganz stillen Kammer ihre Positionierungshausaufgaben gemacht und sich erst dann, so abgewogen wie behutsam wie mutig und konsequent, für den wirkungsstarken Sympathieträger ihrer Marke entschieden.

Endlich macht sie ihre flächendeckende Relevanz (16.000 Filialen, 130.000 Berater, 25.000 Geldautomaten) auch in der Kommunikation zu ihrer Stärke. Das ist das einzige substanziell Differenzierende, und es reicht völlig aus.

Das streichelt wenigstens die Egos der Vorstände, wenn es schon mit Marke nichts zu tun hat.

»Wir machen das mit dem Klopp!« zu rufen, selbst wenn man ihn sich leisten kann, reicht nicht.

Wer mit Kopfschmerzen in die Apotheke kommt, hat die große Auswahl. Relevanz haben aber nur Aspirin und Ratiopharm. Beide Marken helfen; die Frage ist nur, wie schnell und zu welchem Preis. Wenn es besonders schnell und sicher gehen soll, ist Aspirin die Marke der Wahl: »Wissen, dass es wirkt.« Wer weniger zahlungsbereit ist und etwas warten kann, bis der Schmerz nachlässt, fragt: »Gibt's da was von Ratiopharm?« So will es die Werbung, und so findet es auch statt. Ob die Zusammensetzung des jeweiligen Präparats innovativ ist und die Qualität laufend von einem versierten Expertenteam sorgfältig geprüft wird, interessiert den Kunden in dem Moment nicht, in dem er mit kaltem Schweiß auf der Stirn vor der Apothekerin steht. Allein dieser Moment ist für die Schmerzmittelwahl entscheidend. Andere Aspekte wie Qualität und Innovation sind für den Markenerfolg von Aspirin und Ratiopharm zwar ebenfalls konstituierend, der Kunde setzt sie jedoch bei einem bestens im Markt eingeführten Produkt voraus. Das wichtigste differenzierende Merkmal ist die Schnelligkeit, das zweitwichtigste der Preis. Wer die Schmerzen sofort loswerden will, nimmt Aspirin – superschnell wie ein Ferrari; sexy, aber teuer. Alle anderen nehmen Ratiopharm – normal schnell wie Dacia Diesel; langweilig, aber preisgünstig.

Bilder im Kopf: Wenn der Eimer mit zwei Dritteln Zucker und einem Drittel Fett dabei ist, wird der Familienurlaub schöner. Nutella makes my day! Es liegt am so lange aufgebauten Spaßbringer-Image, an dem Boris Becker, Martina Ertl, Mesut Özil, die Klitschkos und alles, was sonst noch halbwegs berühmt ist im Sport, mitbauen. Ferrero hat gewaltige Macht: Ohne Nutella fehlt etwas, nicht nur den Kindern. Man vermisst es, weil es halt so ist, und der Urlaubstag ist dann gegessen. Da kann die Fatto-A-Mano-Konfitüre der Pensionswirtin nichts mehr ausrichten.

Wenn nicht nur die (das?) Nutella, sondern auch die *Bild*-Zeitung dabei ist, ist der Tag noch schöner. Wirkt zweifach: Der Springer-Verlag hat es nicht nur geschafft, dass alles, was sich

> *Die Werbepartner achten darauf, dass ihre Klopp-Kampagnen nicht parallel laufen, um den Markt nicht zu übersättigen. Ein Misserfolgsfaktor von Markus Lanz ist, dass er immer on air ist. Überdruss erzeugt Reaktanz.*

> *X-fach Getestetes und Zugelassenes braucht nicht hinterfragt zu werden. Das ist so selbstverständlich wie das Trinkwasser klar.*

> *Vor allem ist jede andere Nuss-Nougat-Creme chancenlos. Nutella prägt als Gattungsmarke die Produktkategorie: Nutella = Schokoaufstrich, Tempo = Papiertaschentuch, Tesa = Klebestreifen, Hilti = Profi-Bohrhammer.*

links von der Mitte wähnt, auf das »Organ der Niedertracht« (Max Goldt) eindrischt, sondern auch, dass die Hardcore-Feministin Alice Schwarzer für das Blatt den Vergewaltigungsprozess gegen Jörg Kachelmann beobachtet, das 28 Jahre lang das nackte Girl auf Seite 1 hatte. Vielleicht wird in der *Bild* ja wirklich der Fisch eingewickelt, aber erst nachdem der Fischhändler sein kleines, gut gepflegtes Faible für die Niedertracht schnell noch befriedigt hat. Im Berliner Axel-Springer-Haus lachen sie beim Geldzählen leise in sich hinein. Mehr Marke geht nicht, wenn sogar die Gegner dabei sind. Hier ziehen sie noch, die verwahrlosten Kinder, gemachten Titten, nackten Tiere und der Kloppo sowieso, meisterhaft vor dem Guckloch der obszönen Gesellschaft arrangiert.

Im seriösen Fach kommt Bayern München rosa rüber, trotz Signalfarbe Rot. Der Sponsor Telekom sagt Magenta, um sich von der Signalfarbe der Schwulen abzugrenzen. Aber der Kopf sagt Rosa, und er hat immer recht. Die Telekom und ihr Rosa sind gefühlt überall dabei, auch bei Events, bei denen sie nicht dabei sind. Fragt man, wer den Gig von U2 gesponsert hat, sagt der Konzertbesucher Telekom, Mercedes oder Krombacher. Wer wirklich bezahlt hat, um im Stadion Wirkung zu erzeugen, hat das Nachsehen. Die Wahrnehmung der Telekom erreicht man mit einem großen Budget, ganz viel Kontinuität und einer stringenten »Markenerlebbarmachungspolitik«.

> *Jean-Claude Biver von Hublot sagt: »In der informationsüberladenen Welt zählt nur Frequenz.« Stimmt, wobei weniger Frequenz von mehr Relevanz und Inhalt wettgemacht wird. Das macht attraktiv und anziehend, wie bei #inspiredby von Lufthansa.*

In Truckerkreisen weiß man, zu wem Volvo Trucks und Renault Trucks gehören: zur Volvo Gruppe. (Volvo Cars ist schon lange chinesisch, Renault Voîtures sind bis auf Weiteres französisch.) Der Entscheider auf Kundenseite geht davon aus, dass die Lastkraftwagen dieser beiden Marken zwar nicht technisch identisch, aber doch auf vergleichbarem Niveau unterwegs sind. (Ein Seat ist auch nicht schlechter als ein Volkswagen, kommt nur etwas preiswerter rüber.) Ebenso denkt der Kunde, dass beide Marken auf dasselbe Vertriebs- und Servicenetz zurückgreifen. Die Marken mittels technischer Details, Servicegebietabdeckung und anderen, rational orientierten Argumenten trennscharf voneinander zu positionieren, funktioniert aus diesen

Gründen nicht. X These stattdessen: Skandinavischen Ländern zugetane Entscheider wollen lieber Volvo Trucks, die Frankophilen stehen auf Renault Trucks. So einfach wirkt Marke, wo es sich dermaßen anbietet: Bei der Entscheidung spielt eine entscheidende Rolle, wo der Trucker, wo der Spediteur am liebsten Urlaub macht. Die Herkunft zählt.

So einfach und wirkungsvoll sind Stereotypen.

Die Reisebilder, die im Kopf aufpoppen, reichen aus, um die Marken voneinander abzugrenzen: Frankreich ist Savoir-vivre; da nimmt man alles nicht so genau, wird schon werden. Man mag es bequem und das Auge isst immer und überall mit. So sympathisch-menschlich ist der Lkw von Renault bestimmt auch! Schweden ist dagegen kühler, frischer, eine Spur sachlicher, technischer, liberaler und auch mystischer. So konstruktiv-verlässlich ist der Lkw von Volvo bestimmt auch!

Bei der Volvo Gruppe weiß man, dass man mit Technik allein nicht schlagkräftig punkten kann; weder innerhalb des eigenen Markenportfolios noch bei den Truckern noch gegen Mercedes-Benz Trucks. Die emotionale Abgrenzung funktioniert viel besser: Renault Trucks ist Frankreich, Volvo Trucks ist Skandinavien. So logisch wie wirkungsvoll ist es dann, wenn alle Werbung – von der textlichen Ansprache über die Bildwelten bis zu den Events – stringent auf die jeweilige Positionierung einzahlt. Es vermeidet Kannibalisierungseffekte innerhalb der Gruppe; Renault bringt es die absolute Alleinstellung, weil es kein Wettbewerbsprodukt französischer Identität auf diesem Niveau gibt; Volvo kann sich

Die Marke Mercedes steht für Qualität. Das hat der Kunde über so viele Jahre gelernt, dass er es gar nicht mehr hinterfragt. Tolle Markenarbeit!

mit maximaler Kraft auf den Hauptwettbewerber Scania, ebenfalls schwedischer Provenienz und mit der Vertriebspower des Mehrheitseigners Volkswagen gesegnet, konzentrieren. Das Wirkungsvollste: Mercedes-Benz Trucks gegenüber kommuniziert man endlich so selbstbewusst über Inhalte, wie es einem gut zu Gesicht steht, anstatt laufend den peinlichen und zum Scheitern verurteilten Eigentlich-sind-wir-genauso-gut-Vergleich anzustellen. Wer nur und ganz brutal rational daran interessiert ist, dass sein Lkw niemals, niemals, niemals liegen bleibt, entscheidet sich sowieso immer, immer, immer für einen von Mercedes-Benz (wenn der Geldbeutel das hergibt).

Wirksame Argumente, die aus der Marke kommen und den Vergleich nicht brauchen, führen zur so wichtigen geistigen Entlastung bei der werten Kundschaft: Niemand grübelt dann mehr über hochkomplexe, hochsophistizierte Botschaften und das, was der Absender damit sagen will, wenn das französische (wahlweise skandinavische) Kopfkino läuft und der Trucker in Gedanken bereits auf dem Bock seiner Herzenswahl sitzt und in der Auvergne (wahlweise in Gotland) der untergehenden Abendsonne entgegenbrummt. So jemand will diesen einen Truck jetzt haben. Er handelt noch, aber er feilscht nicht.

ZUM MITNEHMEN

- Jeder Markenwert ist wichtig, aber nicht jeder ist differenzierend. Die einen sind für das Funktionieren des Unternehmens wichtig, die anderen für die Abgrenzung vom Wettbewerb.

- Relevant ist, was der Kunde für relevant hält. Nur wer konsequent die Perspektive des Kunden einnimmt, kann für ihn wesentliche Botschaften vermitteln.

- Aufmerksamkeit um der Aufmerksamkeit willen bringt nichts. Hängen bleibt nur, was konstruktiv betroffen macht.

- Bauch schlägt Kopf: Das Kopfkino startet lange bevor das erste rationale Argument verarbeitet wird.

- Je größer der Wettbewerber ist, desto mutiger und klarer müssen Positionierungsentscheidungen sein.

»Was macht die Marke, Herr Heckle?«

Geschäftsführer, Sonepar Deutschland

Wie drei starke Marken zusammenhalten und die Billigheimer in die Schranken weisen

Die Händler können es sich aussuchen: nur mit Herstellermarken handeln, nur mit Handelsmarken handeln oder irgendwie mit allem (und mit Eigenmarken auch noch). Den besten Weg vor dem Hintergrund von Positionierung, Strategie, Umsatzzielen und Gewinnmaximierung gibt es nicht. Aber es gibt den Weg der festen Überzeugung; gerade mit dem Wissen, dass Handels- und Eigenmarken auch Marken sind – und nicht mal schlechtere. Aber ziemlich sicher günstiger. Bei Sonepar Deutschland, dem größten Elektrogroßhändler in Deutschland, weiß man das genau. Die Elektroindustrie ist nach dem Maschinen- und Anlagenbau die zweitgrößte Industriebranche. Da hat der größte Großhändler viel zu melden, wenn er Installateure, Fachhandel und Industrie beliefert und damit etwa 2,7 Milliarden Euro Jahresumsatz macht. Und viel zu verlieren. Er kann sich immer wieder neu überlegen, welche Marken von welchen Herstellern er führt und welche nicht und ob er eigene auflegt. Vor einigen Jahren hat man sich am Sitz in Düsseldorf neu entschieden: Es gibt nur Herstellermarken im Programm, keine eigenen Marken und keine eigenen Produkte. »Mit Eigen- und Handelsmarken lässt sich im Elektrobereich auf Dauer wenig verdienen«, sagt Holger Heckle. »Nach unserer Auffassung ist es erfolgreicher, die starken Marken der Hersteller in Deutschland zu vertreten und gemeinsam mit ihnen zu wachsen.« Die heißen Busch-Jaeger, Siemens, Hager, Philips Lighting, Stiebel Eltron oder Osram. Die bedeutsamen Namen der Branche, sie klingen wie Samt und Seide, sind alle dabei.

Mit der »Markenoffensive« setzt Sonepar auf diese doppelte Kraft, um damit die Hersteller von Eigen- und Handelsmarken und vor allem deren Händler auf Abstand zu halten. »Wir verknüpfen das Vertrauen in die Herstellermarken, die bei unserer Kundschaft aus dem Handwerk sehr bekannt sind, mit dem Vertrauen in uns.« Wenn dieses gute Gefühl, so das Kalkül, immer wieder neu bestätigt wird, gibt es nur Gewinner: Der Bauherr fragt den Installateur gezielt nach der Marke seines Vertrauens, der Installateur besorgt sie genauso gezielt bei Sonepar und Sonepar bezieht sie genauso gezielt beim Hersteller. So ist die Markenvertrauenskette geschlossen und Billig-Schrauber bedienen mit Billigprodukten aus dem Baumarkt einen ganz anderen Markt, an dem nur sie Interesse haben. Dort geht es um den Preis, hier geht es um Vertrauen. Das ist besonders da, wo Strom fließt und alles zuverlässig funktionieren muss, immer noch die härteste Währung. Auch deshalb investieren Herstellermarken in Forschung und Entwicklung; das geht bei Eigenmarken nicht. Vor allem: Wenn die Vertrauensbasis stimmt, wird weniger gefeilscht, und wenn Nachfragesog statt Angebotsdruck herrscht, bleiben die Preise schön stabil. Wo dennoch Preisnachteile dadurch entstehen, dass man keine Handels- und Eigenmarken vertreibt, »kompensieren wir das mit den Argumenten Sicherheit, Qualität und Langlebigkeit«, sagt Herr Heckle. Das scheint auszureichen: Sonepar Deutschland ist nicht nur der Größte, sondern auch ganz besonders profitabel.

Als man die Strategie zuletzt überprüfte, schickte man ausgewählten Herstellern eine düstere Broschüre mit gruseligen Schwarz-Weiß-Fotos von Regalen mit austauschbarer namenloser Ware und Schaufenstern mit großen Rabattaufklebern: »Was wäre, wenn eine Handelsmarke attraktiver als eine Herstellermarke wäre?«, fragte sie aufgeregt. Und was wäre, »wenn Ihre Ware beim Marktführer nicht mehr verfügbar wäre … wenn Sonepar den Handelsmarken-Preiskampf mitgeht?« Genug Power dafür hat man, so viel ist klar. Die Hersteller fanden diese Vorstellung genauso gruselig und schlossen sich lieber der Initiative »Sonepar. Markenqualität. Lupenrein.« an. Damit entstand ein besonders enger Schulterschluss ohne Kompromisse, »bei dem wir der einzige marktbedeutende Elektrogroßhändler sind, der ohne Kompromisse auf Markenqualität setzt, eben lupenrein«. Deshalb dürfen nur Hersteller mitmachen, die genauso lupenrein sind und keine sonstigen Markendinger drehen. Die sind gern dabei, und dass dafür, dass man bei dem so schön in ihrem Sinne aufgestellten Marktführer gelistet ist, die Lieferantenkonditionen stimmen müssen, versteht sich von selbst. Zum Zeichen dafür, dass man da etwas ganz besonders Vertrauenswürdiges geschaffen hat, gibt Sonepar auf der stylischen Website der Lupenrein-Initiative fünf Jahre Gewährleistung (laut Gesetz müssen es nur zwei sein), spricht die 24-Stunden-Liefergarantie aus und verspricht 100 Prozent Qualität.

Dabei geht es bloß um Kabel und Drähte, Plastik-Spritzguss und Blech. Nichts Besonderes von Haus aus und eher Low Interest; auch weil hier, anders als zum Beispiel im Sanitärbereich, das meiste Material in der Wand verschwindet. Für das, was man nicht sieht, gibt man zumindest im Privatbereich nicht gern Geld aus. Sollen solche Produkte – abgesehen von neuen umsatzsteigernden Entwicklungen rund um die intelligente Gebäudekommunikation mit Lichtszenarien, automatischer Beschattung und Smartphone-Steuerung – wirklich sexy sein, kommt der Faktor Mensch ins Spiel: Sonepar unterstützt seine Lieferanten mit vielfältigsten Marketingmaßnahmen, aber »wenn unsere Mitarbeiter nicht verstehen, wie sexy unsere Produkte und Lösungen sind, und die Idee nicht nach außen tragen, dann wird das nichts«. Deshalb lassen Holger Heckle und seine Führungskollegen 2.000 Innendienstmitarbeiter nicht nur dafür mehrtägig in Deutschlands größtes Kongresshotel Estrel in Berlin reisen, dass sie von den Herstellern mit neuesten Erkenntnissen aus der handwerklichen Schräubchenkunde fit gemacht werden und noch besser rational verkaufen können, sondern auch dafür, dass sie beim Human Branding eine Idee davon bekommen, wie es ist, überzeugter Botschafter zu sein: »1. Sonepar ist eine starke Marke. 2. Sonepar hat starke Marken. 3. Sie sind eine starke Marke.«

Man hat früh verstanden, dass es ein Mensch ist, der einem anderen Menschen ein Kabel oder einen Stecker verkauft: der Planer dem Kunden, der Installateur dem Planer, der Großhändler dem Installateur, der Hersteller dem Großhändler. Mit ihrem Tun bekommen die kalten Teile ein Gesicht und werden nahbar und persönlich. Damit das so ist, gibt es bei Sonepar in jeder Vertriebsregion einen ausgebildeten Markenbotschafter, der für die Umsetzung der Markenoffensive verantwortlich ist. Darüber spricht er mit den »Movern« (»Mo« steht für »Markenoffensive«, »ver« für »Verantwortliche«). Jede Niederlassung hat einen und der ist dafür verantwortlich, dass dort alle Mitarbeiter bei allem, was sie tun, die Markenoffensive leben. »Wir versorgen die Mover mit Informationen, die nicht jeder hat. Sie haben dadurch eine herausgehobene Position, weil sie Wissensträger sind und um Rat gefragt werden.« Damit habe man gute Erfahrungen gemacht und das Amt des Movers genauso wie das des Markenbotschafters sei trotz Mehrarbeit eine Ehre, sagt der Chef. Mehr Geld gibt es nicht, dafür ist man als auserwählter Markenverfechter ganz vorne mit dabei.

Heckles Vision heißt »Think Sonepar First«: Elektroinstallateure und Lieferanten sollen zuerst an den Marktführer denken, insbesondere auch talentierte Fachkräfte bei der Wahl ihres Arbeitsplatzes. Hierin liege der Schlüssel für markenadäquates Verhalten in der Zukunft, und auch das so schnell ausgesprochene Wort vom attraktiven, anziehungskräftigen Employer Branding bekommt damit Kontur. Um zu erleben, wie die aussieht und wie »Think Sonepar First« Wirklichkeit wird, gehen die Führungskräfte und Mitarbeiter auf die »Sonepar Brand Academy«.

Machen: Marken-
bildungsbausteine
und was man
daraus baut

 # Identität:

Spirit of Georgia – Warum Coca-Cola keine Bionade kann

2005 will Coca-Cola Bionade kaufen. Der Superstar und revolutionäre Underdog unter den Limonadeherstellern aus Ostheim vor der Rhön lehnt ab: »Wenn wir denen das Unternehmen verkaufen, dann verkaufen wir auch uns. Unsere Identität. Dann sind wir nur noch ein kleiner Posten in der großen Bilanz von Coca-Cola«, sagt der damalige Chef Peter Kowalsky dazu in der *Taz*. Drei Jahre später bringt Coca-Cola mit Spirit of Georgia eine eigene hippe Limo auf den Markt – auch in der Glasflasche, auch ohne künstliche Aromen, Farb- oder Süßstoffe, auch hergestellt mit einem Fermentat. Nur das Bio-Siegel, wie es Bionade hat, will man dafür gar nicht erst haben.

Als Spirit of Georgia kommt, erhöht Bionade die Preise um gleich 33 Prozent und nennt das »Premiumaufschlag«. Kowalsky dazu: »Wir sind das Original. Und das Original muss immer am teuersten sein.« Das Original muss sich auch durch den Preis abheben von all den Nachahmern, von Aloha Surfsoda über Lemonaid- und Fritz-Limo bis Spirit of Georgia. Dann rauscht der Absatz stetig in den Keller, von 200 Millionen Flaschen 2007 auf heute etwa 60 Millionen Flaschen jährlich. Mit Schuld daran ist auch der Verkauf der Mehrheit an die Radeberger-Gruppe 2009; inzwischen gehört Bionade den Brauern aus der Oetker-Gruppe ganz. Den Niedergang kann auch die Einführung einer Geschmacksrichtung Cola nicht aufhalten. Ganz im Gegenteil.

Coca-Cola kann vieles machen: Coke Zero für Männer, Fanta für die Fantasie, Powerade für die Leistungskraft … Aber Bio geht nicht: Die Identität von Coca-Cola basiert auf dem amerikanischen Traum und wie man ihn mit Zuckerwasser träumt.

Ein beispielhaftes Lehrstück zum Thema Identität als Basis allen Markenerfolgs – darüber, wie mühsam sie aufgebaut, wie schwer sie zu erhalten und wie schnell sie zerstört ist. Unter dem Strich gibt es nur Verlierer: Die Erfinder und Gründer sind zwar um einige Millionen reicher, waren aber für etwas ganz anderes angetreten, nämlich für den weiteren Ausbau des Erfolgs unter eigener Fuchtel. In der Getränkebranche lacht man über den ehemaligen Mittelständler des Jahres mit dem ehemaligen

Öko-Manager des Jahres, und in der Limotrinkerszene herrscht die Meinung vor, dass denen das schon recht geschieht, weil sie den Hals nicht vollgekriegt haben und – obwohl mit dem Anspruch »Das offizielle Getränk einer besseren Welt« unterwegs – nichts als reich werden wollten.

> *Diese Human Brand ist im Eimer. Immerhin hat der noch das Geld.*

Bei Bionade hatte man gehofft, dass ein Verkauf an die Oetker-Braugruppe glaubwürdiger rüberkommen würde als an Coca-Cola. Immerhin ist Oetker auch ein Familienunternehmen, »fast wie wir, nur größer«, stand in der *FAZ*. Stimmt, ziemlich viel größer: Der wahre Biolimonadenfan macht keinen Unterschied zwischen einem riesenhaften Familienunternehmen und einem noch riesenhafteren börsennotierten Konzern. Lieber greift er gleich nach einer Fritz-Limo, die weiterhin von der Fritz-Kola GmbH hergestellt wird, wo weiterhin die beiden Jungs am Ruder sind, die man seit 2002 im Logo sieht.

> *Das mit dem personifizierten Logo ist keine gute Idee. Cool zwar, aber wie in Würde altern, wenn man als Unternehmer Held seiner eigenen jugendlichen Kampagnen ist? Richard Branson, Claus Hipp und Wolfgang Grupp wissen es nicht; und du als Human-Branding-Experte auch nicht.*

Die Oetkers und die Radebergers haben mit Bionade genauso wenig Freude. Am Firmensitz in Frankfurt klebt man weiterhin die Identität zusammen, die die Markenprofis kaputt geschlagen haben. Dabei kommt die neue Sorte Cola raus – bio! Dabei steht Radeberger für Bier und sonst für nichts. Zukunft braucht Herkunft, weil gelebte Wurzeln besonders glaubwürdig machen. Die Herkunft ist bei Bionade Ostheim vor der Rhön, wo zwar noch produziert wird, aber an den Straßenrändern, wo sich früher die Laster stauten, um Nachschub für trendige Großstadtkneipen zu laden, stapeln sie jetzt Leergutkisten.

> *Der Kleine, der gegen den Großen aufbegehrt, kann eine Bewegung auslösen. Der Große, der sich klein macht, um Revolution zu spielen, macht sich lächerlich.*

Bei Spirit of Georgia ist's noch trüber. Die Jetzt-erst-recht-Marke, mit Riesen-Tamtam und -Werbebudget gestartet, ist im Handel weiterhin kaum präsent. Der Name löst zwar Bilder von Sommer, Südstaaten, Sonne, Cabrio aus, aber er lässt keine Schlüsse auf ein schlüssiges Markenkonzept zu: irgendwie wie Bionade, aber nicht richtig, und irgendwie von Coca-Cola, aber nicht richtig. Eine gesündere Limonade von Coca-Cola ist unglaubwürdig, und die Kopie des Revoluzzer-Ansatzes funktioniert hier nicht. Der Konsument mag blöd sein, was die Herkunft seiner Verbrauchsartikel angeht – saublöd ist er nicht. Ganz abgesehen davon, dass der Geschmack des Imitats nicht gut ankommt: nicht mehr nach Fanta und noch lange nicht nach Bionade. Da helfen auch Geschmacksrichtungen wie »Blood Orange Kaktusfeige« und »Green Mango Kiwi« nicht. (Seit wann ist die Mango grün?) Außerdem sehen die Flaschen spießig und nicht cool aus.

Wer nicht auf Markenidentität setzt, braucht besonders gute Intuition. Und die Fähigkeit, in jeder Hinsicht gute und schnelle Bauchentscheidungen zu treffen; auch dann, wenn die Umsätze wegbrechen, es beim Profit hakt, Emotion ins Spiel kommt, die nächste Generation ans Ruder und erst mal alles anders machen will … Zu viele Variablen und Unwägbarkeiten sind das schnell, in Zeiten globalisierter Märkte und der Notwendigkeit aus dem Stand gefällter, gut abgewogener Entscheidungen mit Substanz. Um all das sicherzustellen, ist die klare Entscheidungsbasis, gebaut aus Fakten, Faktoren und Parametern, außerdem aus Überzeugungen, die bessere als diejenige, die lediglich aus dem Bauch kommt. Im besten Fall wirken Ratio und Emotio zusammen und führen so zu einer langfristig tragfähigen Marschrichtung. Und im Fall von Unsicherheit und Zweifel führt eine solche Identität zurück in die Spur.

Wenn ein Unternehmen eine Markenidentität hat, haben die Verantwortlichen seinen Markenkern und seinen ultimativen Nutzen formuliert. Sie haben die Markenwerte festgelegt, die den Markenkern näher beschreiben, ihn übersetzen und auslegen. Außerdem haben sie den USP (Unique Selling Proposition, die Alleinstellung) beschrieben und den Benefit (das Nutzenversprechen), ergänzt durch den sogenannten Reason-to-Believe. Er argumentiert aus Kundensicht, warum man das Versprochene glauben und deshalb ganz beruhigt zum Käufer und Konsumenten werden kann. Für all das und für die Umsetzung und die laufende Pflege der Markenidentität arbeiten die Unternehmen mit einem spezialisierten Dienstleister zusammen. Das sorgt dafür, dass man beim Marke-Machen und -Werden den blinden

> *Marke gibt Orientierung und reduziert das Entscheidungsrisiko. Das gilt nach außen wie nach innen, weil auch Mitarbeiter täglich mit 14.000 Informationsimpulsen umgehen müssen.*

> *Schöne bunte theoretische Welt. Leider findet sich in der Praxis nach wie vor kaum ein CEO, der sich bei großen Entscheidungen vom Identitätsgedanken leiten lässt. Da gibt's noch viel Überzeugungsarbeit zu tun für Leute wie uns!*

Fleck und den Tunnelblick loswird und trotz der vielen Marken-
bäume auch den Markenwald sieht; außerdem dafür, dass die
alten Zöpfe abgeschnitten und die heiligen Kühe geschlachtet
werden. Solche Experten haben als externe Insider den Blick
auf das Unternehmen und die nötige Distanz, um mutige wie
unbequeme Fragen aufzuwerfen, die nötig sind, um genauso
mutige und unbequeme Antworten zu finden – und schließlich
die notwendigen Entscheidungen zu fällen, um sich zukunfts-
sicher aufzustellen. Dafür können sie frei von innenpolitischen
Abhängigkeiten und Zwängen handeln, und man darf auf sie
einprügeln, wenn Schuldige dafür gesucht werden, dass in der
Firma auf einmal alles so neu und ungemütlich ist. Dafür werden
sie auch bezahlt, und so halten sich interne Verdächtigungen,
Ränkespiele und Pfründe-Sicherungsversuche in Grenzen, so-
dass man mit ihnen mitten in einem Wandlungsprozess noch
konstruktiv umgehen kann.

> *Gut angedient, Herr Kollege. Blöd nur, wenn am Ende die Berater die Berater beraten, und es kommt so etwas raus wie die Kampagne »Erster Schritt« bei der Commerzbank: »Wir haben die Gründe bei uns gesucht … Wir belohnen unsere Berater erst, wenn der Kunde zufrieden ist … Wir haben verstanden.« Das ist schön, aber es weckt auch das Gefühl, dass man zuvor schamlos ausgenommen wurde.*

Für die Entwicklung einer Markenidentität gibt es verschiedene Instrumente: Oval, Kreis, Viereck, Raute, Pyramide … Das
liegt daran, dass viele Beratungsdienstleister mit einem eigenen Ansatz und einem eigenen Modell überzeugen wollen.
Allen gemeinsam ist der Anspruch, aus ganz viel – dem, was
das Unternehmen historisch gewachsen macht, weil man es so
macht – ganz wenig zu machen; die Essenz allen Tuns, und
zwar nicht für heute (das ist morgen schon von gestern), sondern für morgen: Wofür stehen wir? Was zeichnet uns aus? Was
wollen wir? Was machen wir? Was hat der Mensch davon? Was
hat die Welt davon? Viel wichtiger: Wofür stehen wir nicht?
Was zeichnet uns nicht aus? Was wollen wir nicht? Was machen wir nicht? Was hat der Mensch nicht davon? Was hat die
Welt nicht davon?

Bedenke immer, wo du herkommst: Man kriegt den Saar-
länder aus dem Saarland, aber nicht das Saarland aus dem Saar-
länder. Das gilt für den Menschen, und der ist ebenfalls eine
identitätsstarke Marke, nicht nur geografisch, sondern auch
hinsichtlich Bildung, Kultur und Horizont. Karl Lagerfeld, Mi-
chelle Hunziker und Uli Hoeneß haben ihre eigene Marke ge-

schaffen – im Unterschied zu Aale-Dieter, dem Schreihals vom Hamburger Fischmarkt, ganz bewusst mit den Beratern ihres Vertrauens. Die Technik, mit der auch der Mensch geplant zur Marke wird, heißt Human Branding. Mehr und mehr Vorstände und Geschäftsführer machen sie sich zu eigen, weil sie verstanden haben, dass die Marke ihres Unternehmens an sich bloß ein totes Konstrukt aus Beton, Glas und Stahl beschreibt. Und dass es die Menschen sind, die es mit Leben füllen und erlebbar machen. Dabei verstehen die Menschen an der Spitze ihre Rolle zunehmend als dienende Rolle, in der sie nicht mehr nur den Ansprüchen der Anteilseigner und der Mitarbeiter gerecht werden müssen, sondern zusehends auch ihrer Verantwortung gegenüber der Gesellschaft; in politischer, gesellschaftlicher und ökologischer Hinsicht. Die immer besser informierte Öffentlichkeit fordert das inzwischen. Da hilft es sehr, wenn die Markenpersönlichkeit dem Manager die klare Richtung dafür vorgibt, den an ihn gestellten Ansprüchen gerecht zu werden.

Komisch, die meisten Topmanager, denen ich begegne, funktionieren nur noch.

»Die Marke hat ein Gesicht wie ein Mensch«, schrieb der Werbepsychologe Hans Domizlaff schon 1959. Umgekehrt hat der Mensch ein Gesicht wie eine Marke. Auch deshalb ist statt von der Markenidentität oftmals von der Markenpersönlichkeit die Rede; weil sie auch dem Unternehmen und seinen Produkten etwas sehr Persönliches verleiht. Es ist die Summe dessen, was man auch bei einem Menschen schätzt (oder ablehnt). Die Markenpersönlichkeit charakterisiert es und gibt ihm sein Gesicht in der Menge, seine Wiedererkennbarkeit. Zuerst bemerken es die, die am Markenbildungsprozess beteiligt sind, dann die Mitarbeiter, die Kunden, Interessenten und ehemaligen Kunden, die Journalisten und schließlich die breitere Öffentlichkeit. Bald spüren es alle und es entstehen echte Fans genauso wie echte Ablehner. Beide sind wichtig für Marken, die wirklich stark sind und nicht bloß ganz nett in den Augen aller.

Erst dieses Gesicht macht die Marke begreifbar und durchaus auch angreifbar. »Das beste Mittel gegen alles Identische: Identität«, sagt Porsche.

BMW macht es idealtypisch vor: Die Marke steht für »Freude« (das sagt auch der Claim »Freude am Fahren«), mit den Werten innovativ, ästhetisch und dynamisch. Damit steht dieser Hersteller vordergründig weder für »Technik« (das ist Audi) noch für

»Langlebigkeit« (Mercedes), »Sportlichkeit« (Porsche), »Spaß« (Mini) und »Britishness« (Jaguar).

Es gibt nur wenige Menschen, die gar nicht spüren, wofür BMW steht, und darüber hinaus keine Meinung dazu haben, wie sie das finden. Dafür tun die Markenleute in München seit mehr als 40 Jahren überall auf der Welt und an allen Kontaktpunkten mit den Kunden zu viel Gutes in dem Sinne, dass alle Kommunikation auf den Markenkern Freude als ultimativen Nutzen für alle BMW-Fahrer, -Beifahrer und -Kenner einzahlt. Die Werbung für die Autos und Motorräder genauso wie für die Dienstleistungen, Accessoires und Events. Dabei beschreiben die Markenwerte die Art der Freude näher, die vermittelt werden soll. Es ist eine feinere, zurückhaltendere Art und nicht die laute, hedonistische, schon gar nicht die auf Kosten anderer. Damit ist klar, dass man sich stark im Segel-, Tennis- und Pferdesport engagiert, aber nicht mehr in der Formel 1: Lautes, stinkendes, stupides Im-Kreis-Fahren ist nicht innovativ und ästhetisch, bestenfalls dynamisch, und zahlt vor allen Dingen nicht auf die Identität ein.

> *Eher USness: Jaguar sieht aus wie Ford und fährt sich wie Ford, weil die bis vor Kurzem zu Ford gehörten. Abseits dessen: Jaguar und Kombi? Identitätspflege geht anders.*

Die Automobilhersteller im Premiumsegment grenzen sich klar voneinander ab und außerdem von den weniger begehrten Marken im Volumensegment. Wofür stehen zum Beispiel Fiat und Peugeot? Sie haben nur wenig Identität, im besten Fall das Italienische und das Französische. Deshalb verkaufen sich diese Hersteller über den Preis. Dazu kommt Selbstüberschätzung: Sie gehen raus aus der Mittelklasse, aber man kriegt die Mittelklasse nicht raus aus ihnen. Oberklasse sind sie nicht, was besonders deshalb schlecht ist, weil im größeren Auto die höhere Marge steckt. Citroën hatte diesen Anschluss an ganz oben auch nie, und nur weil die Bosse unbedingt den C6 wollten, wurde der noch lange kein Erfolg. Die Marke ist in der Mittelklasse zu Hause. Zu solch einer Positionierung passt kein Auto, das nackt 60.000 Euro kostet. Deshalb lief kurz vor Weihnachten 2012 der letzte C6 vom Band.

> *Das ist ja noch halbwegs trennscharf. Aber was ist mit Peugeot und Citroën? Wenn die nicht bald klarer machen, was sie unterscheidet, dreht der Mutterkonzern PGA einer der beiden Marken den Geldhahn zu. Das ist dann vernünftig.*

Bedenken, wo sie herkommen, müssen auch die Unternehmen: Citroën genauso wie Mennekes, Bürger und Vorwerk.

Neben der geografischen Prägung gehören Faktoren wie Selbstverständnis, Kompetenz, Technologien und Entwicklungen sowie glaubwürdige Geschichten zur Identität. Wer zu viel will und sich verzettelt, hat bald zu viele Stempel im Pass und weiß dann nicht mehr, wo die Heimat ist. Deshalb ist es falsch zu behaupten, man sei »in der Welt zu Hause«, mit vielen Produkten für viele Branchen für jeden und überall. Walter Mennekes, der Seniorchef des Weltmarktführers bei Industrie-Steckverbindungen, ist und bleibt im Sauerland zu Hause. Da baut er Stecker für die Welt: »Unsere Marke ist ein Versprechen: Nur wo Nutella draufsteht, ist auch Nutella drin.« Derzeit expandiert er mit deutlichem, aber kalkulierbarem Risiko in den Bereich Elektromobilität, und dabei konnte sich der Mittelständler gegen große Konzerne durchsetzen, als es darum ging, den europaweiten Standard bei Ladesteckern für Elektroautos zu setzen. Kernkompetenz Stecker. Mennekes würde niemals in Fisch machen und in anderes Steckerfremdes auch nicht. Selbst in Plastikspielzeug nicht, das man aus dem gleichen Kunststoffgranulat und auf denselben Maschinen spritzen könnte wie Stecker. Dafür ist die Identität von Mennekes viel zu eindeutig.

> *Geobra Brandstätter hat genau das mit Playmobil gemacht. Die kamen von Deckenverkleidungen und Kindermöbeln und machen heute 600 Millionen Euro Umsatz mit Plastikspielzeug, viel mehr als Mennekes mit Steckern.*

Beim Maultaschenmarktführer Bürger wird sich noch herausstellen, ob die Zweit- und Drittlinien gute Ideen sind: Die Range mit Speck-, Leber-, Semmel-, Spinat- und Kartoffelknödeln lässt man vielleicht noch durchgehen; die bayerische Esskultur ist der schwäbischen grundähnlich. Dem Markenexperten erschließt sich jedoch nicht, wie in fünf Minuten fertige Pfannen-Grillers und ganz besonders dampfgegarte Pasta al dente aus dem Kühlregal zu den Kernkompetenzen Schwaben, Maultasche und Spätzle passen. Hoffnung für die Bürgers gibt es dennoch, Vorwerk macht es vor: In Wuppertal ist man in der Staubsauger- und der Fenster- und Bodenreinigungswelt daheim. Trotzdem wurde die Thermomix-Küchenmaschine, sogar ganz unbefangen, gemeinsam beworben mit dem Kobold-Staubsauger, ein genauso grandioser Erfolg. Nach den Identitätsregeln der Markentechnik geht das eigentlich nicht, weil das eine mit Schmutz, das andere mit Essen zu tun hat. Geht aber doch, weil es in der Markentechnik keine Regeln, sondern bestenfalls

Überzeugungen und Fallbeispiele gibt. Sonst wäre es ja Mathematik.

Wer keine Identität hat, hat die Identität von Max Mustermann. Er ist austauschbar. Das erkannte auch die Unternehmensführung bei der Tui. Sie befand sich mit den Neckermanns, Touropas, Thomas Cooks und Hapag-Lloyds im weiten Ozean der Gleichförmigkeit, bevor man sich in Hannover festlegte: auf den Markenkern »Lächeln« als ultimativen Nutzen für die Reisenden. An den Kundenkontaktpunkten sollen die Mundwinkel die Ohrläppchen küssen vor feinsinniger Begeisterung, und da soll sich beim Weltenbummler das Gefühl einstellen, das die Markenwerte näher beschreiben: Horizont erweitern, Leben genießen, Erwartungen übertreffen. Seit die Tui sich eine Identität gegeben hat, hat sie ein Gesicht. Große Leistung der Kreativen, die aus Marke Marketing machen: Die Buchstaben und der Markenkern finden sich im Logo wieder – ein lächelnder Mund. Auf einmal hebt sich die Tui von ihren Wettbewerbern ab und sie hat im Reisebüro genauso wie am Flughafen und im Hotel ein Gesicht in der Menge. Da ist es egal, weshalb die Tui Tui heißt. (Es ist die Abkürzung für Touristik Union International.)

Wenn die so auf freudige Gesichter stehen, wieso sponsern sie dann Hannover 96 und nicht Bayern München?

ZUM MITNEHMEN

- Die Identität ist das Herz der Marke. Sie beschreibt, wie man sich sieht, woran man glaubt und anhand welcher Werte man sich vom Wettbewerb abhebt.

- Sie gibt der Marke ein Gesicht.

- Identitätsarbeit wird mit einem Team aus Mitarbeitern und Beratern gemacht. Das gewährleistet, dass die Identität das Wesen des Unternehmens widerspiegelt und dafür auch die Außenwahrnehmungen des Marktes und der Zielgruppe berücksichtigt.

- Die Markenidentität lässt sich nicht auf eine mathematische Erfolgsformel reduzieren. Deshalb muss der Findungsprozess besonders gut strukturiert und nachvollziehbar sein.

- Für die tragfähige Identität braucht es Mut zu Intuition und Emotion.

»Was macht die Marke, Herr Mennekes?«

Geschäftsführer, Mennekes Elektrotechnik

Wie man mit Quark und Joghurt für alle den Krankenstand senkt, die Zufriedenheit der Mitarbeiter erhöht und sich wert-voll bedankt

Wenn der Weltmarktführer bei genormten elektrischen Steckvorrichtungen den besten Monat seit der Gründung 1935 feiert, schreiben Vater und Sohn Mennekes einen Brief an die 1.000 Mitarbeiter: »Jeder von uns, jeder an seinem Platz, hat mitgeholfen, dieses herausragende Ergebnis zu erzielen … Uns geben Sie erneut das gute Gefühl zu wissen, wie sehr wir uns auf Sie als unsere Mitstreiter verlassen können. Mehr noch, wie sehr wir uns aufeinander verlassen können.« Dazu gibt es für jeden eine Kühltasche mit vielen gesunden Produkten aus Quark und Joghurt von Weihenstephan, einer ganz anderen starken Marke. Und wenn die Putzfrau dem Seniorchef Walter Mennekes sagt, dass ihr Rücken nicht besser wird, schickt er sie zum Betriebsarzt. Jetzt gleich, bitte den Schrubber stehen und den Lappen liegen lassen!

Wenn der Markt schwächelt, verzichtet man bei Mennekes auf Kurzarbeit. Stattdessen bespricht der Chef mit den Banken und den Vermietern vor Ort, dass sie seinen Mitarbeitern die finanziellen Verpflichtungen stunden. Und nimmt selbst eine Million Euro in die Hand, um auch bei weniger geleisteter Arbeitszeit voll zu bezahlen. Der Sauerländer Meister im Geschichtenerzählen nennt das einen Wechsel auf die Zukunft: »Wenn Sie Mitarbeiter, die 2.200 Euro verdienen, in Kurzarbeit schicken, haben die nochmal 200 bis 300 Euro Einbußen. Und wenn sie dann einen Partner haben und ein Kind, wird das richtig eng. Sie waren auch schon lange nicht mehr in Urlaub und haben ein zehn Jahre altes Auto, das langsam kaputtgeht. Und das Kind braucht

Geld: ›Papa, wir machen einen Ausflug mit der Schule, gib mal 100 Euro!‹ Dann hat er die 100 Euro nicht, und das kann nicht sein. Deswegen habe ich gesagt: Die, die sowieso schon wenig haben, sollen auch in der Krise mit dem gleichen Lohn nach Hause gehen und weniger Stunden arbeiten, weil wir keine Aufträge haben, und dann sparen wir die Minusstunden an, und wenn es wieder besser geht, und irgendwann geht es wieder besser, dafür ist man Unternehmer und Optimist, werden diese Stunden abgearbeitet. Ich kann Ihnen sagen, der Krankenstand ging runter von über 5 Prozent auf 2 Prozent.«

Wenn in neuen, guten Zeiten im Zuge des Aufbaus des neuen Geschäftsfeldes Elektromobilität zu viele Anfragen auf einmal kommen, verzichtet man bei Mennekes auf das ganz besondere Angebot eines Automobilbauers, bei der Entwicklung zusammenzuarbeiten. Weil es gerade nicht passt und »um die Menschen vor sich selbst zu schützen, damit sie nicht 11 oder 12 Stunden hierbleiben. Das will ich nicht haben, es würde zulasten aller gehen, und dann kämen auch Burn-out-Geschichten. Weniger ist mehr im Sinne des Ganzen und der Ziele, die man hat.« Im Firmennamen stehe das »M« für »mutig« und das »S« für »sozial«.

Die Produktmarke mit dem Slogan »Plugs for the world« kommt aus der Menschenmarke Walter Mennekes. Der Senior ist wie seine Stecker – überall, unkaputtbar, verlässlich, unter Hochspannung. Ziemlich amüsant ist nur er, wie er in dem Neunzigerjahre-Chefzimmer mit Vollholzausstattung und Vorzimmer sitzt, das halbe Produktprogramm in Gelb und Rot um sich herum, auf dem Schreibtisch und am Boden. An der Wand hängt ganz viel Persönliches von den Freunden beim FC Bayern und bei der SPD (der König der Stecker wählt schwarz, egal). Da hängt auch das Bild von dem genialen Typen mit der rausgestreckten Zunge, ein Geschenk von Kunden, etwas verfremdet. Sieht aus wie Walter Einstein oder Albert Mennekes. Aus Kirchhundem an der Hundem heraus hat dieser Erfinder des 110-prozentigen Lebens für die Marke die Industriesteckerwelt erobert. Bis heute produziert man hier eine Marke, und die heißt Mennekes. Das wird auch immer so bleiben. Keine Handelsmarken, für niemanden. Der Mann weiß genau, was er will. Er ist ein Patriarch, ein guter. Gerhard Schröder, mit dem er auf Wirtschaftsdelegationsreisen in Asien war, kommt zum 60. zum Gratulieren. Er sitzt beim FC Bayern im Verwaltungsrat und hat in der Allianz-Arena eine Loge. Er hat eine Assistentin, aber keine Bediensteten. Und fünf Geschäftsführerkollegen, darunter seinen Sohn. Er ist allürenfrei und klassenlos, aber seine Worte haben Gewicht. Und mit Petra Mennekes bestätigt sich, dass hinter jedem erfolgreichen Mann eine starke Frau steht. Sie verpackt das Geschenk für Uli Hoeneß zur Geburt des Enkelsohns und schreibt die Glückwunschkarte. Christopher Mennekes, der legitime Nachfolger, war lange in London und ist ganz anders. Es ginge schief, würde er den Vater imitieren. So ist jeder anders markant und hat jeder seinen festen Platz. Hier könnte gelingen, was selten gelingt: der in jeder Hinsicht erfolgreiche Generationenübergang ohne die üblichen Reibereien und Unsicherheiten bei der Belegschaft.

An der Hundem haben sie es geschafft, dass ihre Steckverbindungen auf der ganzen Welt unersetzlich sind. Es gibt sie im Jachthafen von Ibiza-Stadt, wo es um die Stromversorgung der Boote geht, hundertfach in der Allianz-Arena, in 800 Mennekes-Ladestationen für Elektroautos in Oslo und in Tausenden Baukränen, bei denen oben Liebherr draufsteht und unten – denn ohne Strom dreht sich nichts – Mennekes. Wie bei Schüco, dem Marktführer bei Fenstern, Türen und Fassaden: Auch bei den Industriesteckern kennt man den Ersten. Den Zweiten und Dritten kennt man nicht. Für Walter Mennekes kommt die ganze Kraft seines Unternehmens aus der Marke: Er definiert sie als »umgesetzte Ideen, die beim Verwender auf große Wirkung stoßen und nach denen er immer wieder greift«. Wer zu Besuch im Headquarter ist, bekommt das Brevier »Warum Marken unersetzlich sind«. Mit elf Paragrafen, darunter §1: »Unsere Marke ist ein Versprechen. Und zwar ein Qualitäts- und Leistungsversprechen.« – §3: »Auf unsere Marke können Sie sich verlassen. Wer mit seinem Namen gerade steht, macht seine Arbeit immer besser als jemand, der sich und seine Identität versteckt. Mein Name ist Walter Mennekes.« – §10: »Starke Marken brauchen starke Partner. Gerade gute Bäcker wissen, dass sie erstklassige Zutaten brauchen, damit das Brot gelingt.«

Warum machen die Mitbewerber, deren Industriestecker viel preiswerter, sogar viel billiger sind als die von Mennekes, dem Marktführer nicht das Geschäft kaputt? Das kann Herr Mennekes genau sagen: »Eine Marke besteht aus Hunderten, vielleicht aus Tausenden kleiner Details. Von der Telefonzentrale bis zu dem Karton, der auf der Palette stapelbar ist und länger hält als der von einem anderen, der ganz unten auseinanderbricht. Dazu kommen der gute Internetauftritt, die leichte Auffindbarkeit von Produkten, die Lesbarkeit von technischen Beschreibungen und die verständliche Rechnung und die ergonomischen Produkte, die nachhaltig in großer Hitze und auch in großer Kälte funktionieren, und das alles dann am besten noch weltweit.« Das und noch viel mehr macht den Unterschied aus. Wobei er das, was ihm am wichtigsten ist bei der gelebten und erlebbaren Marke Mennekes, noch gar nicht genannt hat: »Der Mensch muss Mittelpunkt unseres Denkens und Handelns sein. Wenn ich jeden Tag mit einem Mitarbeiter und mit einem Kunden spreche, habe ich im Jahr über 200 Mitarbeiter- und über 200 Kundengespräche. Dann weiß ich, wie die sich fühlen, wie sie denken, ob sie sich innerlich verabschiedet haben, ob sie motiviert sind, gern bei uns arbeiten und gern bei uns kaufen. Und wenn der Mitarbeiter sich wohlfühlt und motiviert ist, dann überlegt er sich auch an seinem Arbeitsplatz, das eine oder andere zu verbessern, zu erleichtern, größere und bessere Automatisierungstechniken anzuwenden. Wenn er demotiviert ist und nur Dienst nach Vorschrift macht, wird da nix draus. Deshalb bilden wir stark aus und können uns damit internationaler Wettbewerber besser erwehren. Auch an einem Hochlohn-Standort wie Deutschland.« Man ist ansprech- und anfassbar, hier geht alles ein bisschen schneller und unbürokratischer von der Hand. Fehler hat und macht man auch, aber die finden viele Leute ziemlich menschlich und damit sympathisch.

Es mag bei Mennekes in Kirchhundem am Rothaarsteig an der besonderen Luft liegen, die sie atmen, an der besonderen Unternehmenskultur, die sie haben, oder an beidem: Was Marke angeht, die der Produkte wie die der Menschen, sind sie naturgut drauf. Deshalb läuft in der Warteschleife »Sex Bomb«, nicht von Tom Jones und 1999, sondern von einer unbekannten männlichen Bauarbeiterrockröhre neu vertont zum 60. Geburtstag des Ober-Markengeschichtenerzählers: »Überall fängt irgendwo ein Kabel an – Hauptsache, es steht Mennekes dran. Überall hört irgendwo ein Kabel auf – Hauptsache, es steht Mennekes drauf.« Der Refrain: »Hält fest, hält dicht – auf der ganzen Welt – und das für solides Geld.« Genau.

Positionierung:

Starke Marken brauchen starke Feinde

Wer sich positionieren will, muss seinen Feind kennen. Wenn Maggi über Differenzierung vom Wettbewerb nachdenkt, dann kreisen die Gedanken um die Marke Knorr. Knorr kämpft mit vergleichbaren Produkten um dieselbe Zielgruppe. Um Menschen, die regelmäßig kochen und dabei entlastet werden wollen und die finale Würze brauchen. »Maggi fix & frisch Chili con Carne«, wahlweise »Knorr fix für Chili con Carne«, rettet das schnelle warme Mittagessen: Bohnen gegen den Hunger, Hackfleisch als Geschmacksträger und die feurige Würzmischung.

»Mit Maggi schmeckt es, es macht Spaß, es ist ausgewogen, frisch und gelingt einfach und sicher«, verspricht Maggi auf der Website. Knorr hält dagegen: »Essen mit Knorr ist unkompliziert und macht Spaß.« Differenzierung auf der Leistungsebene? Fehlanzeige. Die Marken unterscheiden sich durch ihr Leistungsversprechen zwar eindeutig von Dr. Oetker und Iglo, die fertige Tiefkühlgerichte anbieten, und von Cucina (Aldi Süd) und Bürger-Maultaschen, die auf halb fertige Frischprodukte setzen. Produktbezogene Argumente, die echte Unterscheidungskraft haben, findet man aber weder bei Maggi noch bei Knorr noch bei den kleineren Mitbewerbern. Von den deutschen Käufern von Fertigsuppen und -soßen entscheiden sich dennoch 40 Prozent für Knorr und sogar 50 Prozent für Maggi. Das liegt an der enormen Bekanntheit beider Marken und auch daran, dass sie sich eben doch voneinander unterscheiden – nicht bei der Leistung, aber bei der Markenposition. Damit sprechen sie im selben Markt unterschiedliche Zielgruppen an.

Maggi hilft seinen Kunden, in kurzer Zeit ein schmackhaftes Essen auf den Tisch zu bringen. »Helfen« ist der Markenkern. Ums Helfen dreht sich hier alles, von der Servierempfehlung über das Kochstudio, wo beschürzte Mitarbeiterinnen den Freunden der

> *Mehr Me-too geht ja nun wirklich nicht. Wenn ich meine Mandanten so beraten würde, würden sie mir eine Umschulung zum Kantinenkoch empfehlen.*

Convenience vorführen, wie es mit Maggi einfacher, leckerer und schneller geht, bis zur Servicehotline. Wer da anruft, dem wird geholfen, und zwar von einer Mitarbeiterin, die selbst jahrelange Kocherfahrung mit Maggi-Produkten hat, und nicht von Letizia aus Valladolid, die nach der eintägigen Produktschulung den Job im Callcenter angetreten hat. Helfen ist nicht nur ein Werbeversprechen. Diese Grundhaltung prägt die Kultur und das Geschäftsmodell von Maggi, das eine Sparte von Nestlé ist.

> *Helfen findet aber da nicht statt, wo es am wichtigsten ist – am Regal. Da gibt es unendlich viele rot-gelbe Produkte und niemanden, der bei der Auswahl unterstützt.*

Knorr setzt dagegen auf Innovation. »Das sichere Erfolgsrezept: Tradition und Innovation, verbunden mit der großen Liebe zu gutem Essen«, heißt es auf der Website. Tradition und Liebe sind wichtige Werte, aber sie differenzieren noch nicht. Das leistet Innovation. Nicht dass Maggi nicht auch innovativ wäre, dort betont man es aber weit weniger. Knorr ist stolz auf die innovativen Produktlinien, gewonnene Innovationspreise und zukunftsweisende Verpackungen wie den »Bouillontopf« für die Bouillon Pur. Die Würze aus diesem Plastiktöpfchen wird nicht viel anders schmecken als die aus dem Plastiktöpfchen von Maggi. Die haben nämlich auch einen, aber sie kommunizieren ihn nicht so großartig. Wichtig ist, dass der Freund fertiger Soßen und Würzen weiß, wo es im Supermarkt langgeht – schnurstracks zu den sieben rot-gelben Regalmetern von Maggi oder zu den sieben grün-weißen Regalmetern von Knorr. Aber nicht zu beiden, sondern je nachdem, ob man beim Kochen lieber ein bisschen Unterstützung haben oder Neues entdecken und ausprobieren möchte. Die konsequente Abgrenzung hilft beiden Marken. Sie unterstützt den Käufer in seiner Entscheidung und lässt anderen Wettbewerbern kaum Raum zur Entfaltung: Es gibt die lieben Helferlein und die innovativen Unterstützer. Mehr braucht es nicht.

> *Ich behaupte, helfen oder Innovation ist wurschtegal. Es geht 1. um die jahrelange Gewöhnung schon daheim am elterlichen Herd und 2. um den Aktionspreis fürs Töpfchen und fürs Tütchen.*

Maggi und Knorr verstehen, was es für die nachhaltige Positionierung braucht: Beide wissen, wofür sie stehen, wen sie ansprechen möchten und wem gegenüber sie sich abgrenzen müssen. Die Frage »Für was?« beantwortet, in welchem Markt wir unterwegs sein wollen: Sind wir noch Produzent oder schon Servicedienstleister? Wollen wir unser Landhotel noch im Bereich Wellness (das machen inzwischen alle) oder schon im Bereich Gesundheit (das ist neu und relevant) positionieren? Abhängig von dieser Entscheidung verändert sich nicht nur die Wettbewerbssituation, sondern auch die Kommunikation. Die Auseinandersetzung mit der Frage »Für wen?« konkretisiert die Zielgruppe und die Art, wie wir sie ansprechen: Erholung versus Gesundheit, Burn-out-Prophylaxe versus Burn-out-Therapie. Und der Aspekt »Gegen wen?« klärt schließlich die Fronten: Vor wem müssen wir uns in Acht nehmen, weil er dieselbe Zielgruppe mit vergleichbaren Angeboten anspricht, und wen brauche ich lediglich aus der Ferne zu beobachten?

Die Marke »für was«: Handelt es sich bei einer Luxusuhr um ein Geschenk, ein Erbstück oder einen Zeitmesser? Eine Rolex ist ein Geschenk, das man sich oder anderen macht, um etwas Besonderes zu feiern. Der erste Bonus für besondere Leistungen im Job geht drauf fürs Cabrio, der zweite für den Füller von Montblanc mit den dazupassenden Manschettenknöpfen, der dritte für die Rolex. Eine Patek Philippe, sagt die Werbung, gehört einem nie ganz allein – man bewahrt sie, während man sich ein Leben lang an ihr erfreut, schon für die nächste Generation. Dieses so clevere Selbstverständnis treibt dem wertkonservativen Familienvater Pipi in die Augen, während es den Rolex-Träger vollkommen kalt lässt. Der will nichts aufheben, es ist seine und nur seine Uhr. Junghans setzt sogar noch aufs Zeitmessen. Die Funkuhr ist die genaueste mit einer Abweichung von ±0,1 Sekunden in einer Million Jahren. Das bringt zwar niemandem etwas, ist aber eine tolle Aussage und eine spitze Positionierung. Jeder fühlt genau, was er am liebsten möchte, und tendiert dann zu einer Uhr. Den Kunden, der affin für alle ist, gibt es nicht.

Erdinger Alkoholfrei ist nicht länger die traurige Alternative für langweilige Mit-dem-Auto-nach-Hause-Fahrer. Es ist vielmehr ein isotonischer Durstlöscher, der nach dem Sport bedenkenlos konsumiert werden kann. Viele Aktive setzen sogar ganz bewusst auf Erdinger. Man hat sich mit der Umdeutung des Leis-

Wie gehen denn Manschettenknöpfe und Füller zusammen?

Du vergleichst den Uhrenapfel mit der Uhrenbirne: Junghans ist viel günstiger. Die sorgt dafür, dass derjenige, der sich nichts Teureres leisten kann, auch was zum Prahlen hat: »Ätsch, meine geht genauer als deine!«

tungsversprechens aus dem unsexy Markt für alkoholfreies Bier herausgelöst und das Produkt mit deutlich entspannteren, zeitgemäßeren Attributen belegt. Hinein in den Markt von Gatorade und Isostar und dort mit der Alleinstellung »Bier für Sportler«: Knallt wie Gatorade, schmeckt aber besser. Sehr clever.

Der Schweizer Aufzugbauer Schindler will kein Aufzugbauer mehr sein. Schindler bewegt Menschen – und das nicht nur im Fahrstuhl, sondern bereits auf dem Weg durch die Eingangshalle dorthin und vom Fahrstuhl ins Büro. »Über intelligente Wegeführungssysteme sorgen wir dafür, dass es zu den Stoßzeiten nicht zum totalen Chaos in der Lobby kommt«, erklärt Martin Wetzel, Marketingverantwortlicher bei Schindler. Da verdient man sein Geld schon lange nicht mehr mit dem Aufzugbau, sondern mit dem Service. Der so schön doppeldeutige Slogan »Wir bewegen« beschreibt dabei nicht nur das Angebotsspektrum besser, er wertet die Marke auch in der Wahrnehmung der Architekten und Bauherren auf. Man ist nicht länger Lieferant einer Standardlösung, die die Wettbewerber vergleichbar auch anbieten, sondern Mitgestalter der Abläufe innerhalb des Gebäudes. Diese Anders-Positionierung hat einen signifikanten Einfluss auf das Markenimage und damit auf die Auftragsvergabe und die Marge.

Die Zeit wird's richten: Sobald dich deine Mama liked, willst du nicht mehr dabei sein. Dann kommt die Zeit von Google+.

Facebook hingegen verliert seinen Fokus: Ist es eine Plattform, die Menschen verbindet, oder das Schaufenster, in dem 1,2 Milliarden Menschen mehr oder minder unnütze Produkte angeboten werden? Oder ein Treffpunkt für Stalker, die hier ungestraft ihre Sensations- und Indiskretionsgeilheit ausleben? Die Plattform wird beliebig. Noch ist der »Freund hinzufügen«-Button ganz groß und prominent ganz oben, die »FreundIn entfernen«-Funktion dagegen ganz unten in einem Auswahlmenü versteckt. Die Zeit wird kommen, in der die User es sich andersherum wünschen.

In Perfektion erlebt man die »Für was?«-Positionierung bei Schokoriegeln: Ein Snickers-Riegel von 50 Gramm enthält 25 Gramm Zucker und 11 Gramm Fett und deckt mit 242 Kalorien über 10 Prozent des täglichen Energiebedarfs ab. Das ist reichhaltig genug, um sich nicht länger als Süßigkeit, sondern als Hunger-stiller zu positionieren: »Snickers. Und der Hunger ist gegessen.« Wer braucht da noch die Betriebskantine? Wem das zu schwer ist, der greift zu Milky Way, auch von der Firma Mars. Die sind zwar so leicht, dass sie in Milch schwimmen, aber 50 Gramm enthalten 34 Gramm Zucker und haben 224,5 Kalorien. Ernäh-rungsphysiologisch ist das der GAU, aber die Positionierung zieht noch immer. Im Schokoladenmarkt ist sogar noch Platz für die Kleinen: Zotter ist der österreichische Hersteller mit den kleinen 70-Gramm-Tafeln, den ungewöhnlichen Geschmacks-richtungen »Apfel-Karotten mit Ingwer« und »Arabische Dattel Minze« und den hohen Preisen – 3,35 Euro für eine Tafel, das sind 4,79 Euro für 100 Gramm. Respekt! Das schafft auch Storck, ganz anders, und positioniert sich sehr erfolgreich gegen Milka, Ritter Sport und Lindt: Merci-Schokolade ist keine Schokolade, sondern der Marktführer im Dankesagen. Die Schwiegermutter begrüßen die jungen Leute freitags bei der Ankunft am Bahnhof mit einer kleinen Packung, und sonntags verabschieden sie sie mit einer großen Packung.

> *Du Schlaumeier: Die haben nie behauptet, dass ihr Zeug gesund ist. Und wir alle wissen, dass Seelentröstung ab und zu nottut, genauso wie Belohnung. Dafür ist Zucker super.*

Die Marke »für wen«: Antiallergene Kaltschaummatratzen ermöglichen einen gesünderen Schlaf. Während Besitzer kon-ventioneller Matratzen ihr Bett mit Millionen von Mikrolebewe-sen teilen, bleiben Allergiker für sich. Warum aber den Markt unnötig klein halten, indem man nur Allergiker anspricht? Diese Zielgruppe wächst zwar stetig, im Vergleich zur Bevölkerungs-gruppe der Hysteriker ist sie jedoch verschwindend klein. Die Hysteriker haben zwar keine Allergie, aber ein starkes Bedürfnis danach, sich gegen alle Krankheiten aus der *Apotheken Um-schau* zu schützen. Für den Hypochonder gehört der Facharzt-besuch mit anschließendem Apothekenbummel zu den High-lights der Woche. »Jeder hat eine Paranoia. Adressieren Sie sie, und verdienen Sie mehr«, rät Michael Birkin, Mitbegründer der Markenberatung Interbrand. Deepclean macht es genau so: Der Schweizer Anbieter für Matratzenreinigung begrüßt den Kun-den auf der Website mit stark vergrößerten Fotos von Milben – und dem Hinweis, dass auch in seiner Matratze etwa drei Millionen davon leben. Die Paranoia ist da und mit ihr die Zahlungsbereitschaft. Gleiches Produkt, andere Zielgruppe, neuer Markt, mehr Umsatz und Gewinn.

> *Das ist so eklig, dass ich dadurch erst richtig sensibel werde. Garantiert Deepclean, dass es wirklich alle drei Millionen Milben da rauskriegt?*

»Heute ein König«, »Beck's löscht Männerdurst«, »Astra. Was dagegen?« … Werbung für Bier richtet sich ausschließlich an Männer, die Königin und der Frauendurst sind nicht gefragt. Geworben wird stets in männeraffinen Umfeldern, allen voran Fußball. Eine Branche, die derart eindimensional kommuniziert und in der sich die Hersteller fortwährend um dieselben Kunden balgen, hat offensichtlich nicht verstanden, wer in deutschen Reihenhäusern die Hosen anhat: Sie verfasst samstagmorgens den Einkaufszettel. Er macht dann die Deutsche Runde durch die Supermärkte, während sie ein paar Lampen an die Decke dübelt. Nach Wagenwäsche und Baumarkt arbeitet er völlig emotionsfrei die Einkaufsliste ab: Actimel, Rügenwalder Teewurst (aber bitte die feine), Klopapier, Heineken … Heineken? Wird schon stimmen, Hauptsache, der Sprit ist bis zur Sportschau eingekühlt. Das kommt davon, wenn Heineken mit der Kampagne »Walk the Fridge« bewusst und mit großem Erfolg die Frauen umwirbt; eine ganz neue, so nahe- wie brachliegende Zielgruppe für Bier. Man inszeniert es nicht in weit aufgerissenen Männerhälsen, sondern im begehbaren Kühlschrank – ein Bild, das in Frauenköpfen unwiderstehliche Erinnerungen an Carrie Bradshaws Schuhschrank in *Sex and the City* weckt.

> *Das ist sicher nicht so. Der bringt was Gescheites heim, sonst gibt's Haue von den Kumpels. Und den Streit mit Madame nimmt er dafür in Kauf.*

Das macht Spaß und es verleitet dazu, endlich auch Einfluss auf den Biereinkauf zu nehmen. Die Ehefrau entscheidet, was auf den Tisch kommt und was in der Garage parkt. Und jetzt auch, welches Bier getrunken wird. Wer will sich dagegen schon wehren? Gleiches Produkt, neue Zielgruppe, weniger Gegner, mehr Umsatz und Gewinn.

Die Marke »gegen wen«: Volkswagen baut was? Solide Autos. Für wen? Das Volk. Der Name ist Programm, die Zielgruppe ist gesetzt, der Markt auch. Stört nur einer: der Volkswagen Phaeton, mit dem man seit Jahren sehr erfolgreich den letzten Platz unter Deutschlands Luxuslimousinen behauptet. Aus Kundensicht ist Volkswagen mit Klein- und Kompaktwagen und in der Mittelklasse gegen Ford, Opel, Toyota und noch ein paar andere. Ein Auto, das mit Klavierlack veredelt ist, dessen Ledersitzbezüge von handgestreichelten und sanft erwürgten Rindern stammen und dessen Motor so vibrationsarm schnurrt, dass ein hochkant auf die Motorhaube gestelltes Zwei-Euro-Stück auch bei höherem Tempo nicht umfällt, hat in diesem Produktprogramm mit dieser Positionierung nichts verloren. Der Phaeton kann den Kampf gegen Audi A8, BMW 7er und die Mercedes S-Klasse nicht gewinnen, weil die Zielgruppe der Oberklasse ihn nicht als ebenbürtigen Gegner sieht. Daran ändert auch die Eitelkeit des Managements bei Volkswagen nichts. Wer das Geld für einen Luxuswagen hat, kauft keinen Volkswagen. Es liegt vor allem auch daran, dass man auf der Kühlerhaube nicht das gleiche Logo wie die Nachbarstochter auf ihrem VW Lupo haben will. Dafür, mit ein bisschen Sonderausstattung, 100.000 Euro ausgeben? Geht's noch? Falscher Gegner, falscher Markt, schlechter Deal, vergebene Liebesmüh.

> *Das ist das Problem, wenn der Kaiser Piëch seine Kronprinzen an der kurzen Leine führt und Selberdenken nicht gewünscht ist. Widerworte schon gar nicht.*

Seit der Schmuckhändler »Christ Juweliere und Uhrmacher seit 1863« (so heißt er mit vollem Namen) mit seinen hochstandardisierten Abverkaufsrampen die deutschen Fußgängerzonen bevölkert, kommen die Inhaber der angestammten Juweliergeschäfte aus dem Klagen nicht mehr heraus: mehr Wettbewerbsdruck, mehr Preisdruck, weniger loyale Kunden … Es stimmt, der Markt ist hart. Vor allem ist er hart, weil die inhabergeführten Juweliere den Wettbewerb mit Christ zulassen. Dabei haben die ein anderes Geschäftsmodell und sie sprechen eine andere Zielgruppe an. Christ ist schlau und trägt den Namenszusatz »Juweliere«; genau genommen ist er aber gar kein Juwelier, sondern ein Schmuckhändler mit Standardware und Standardpersonal, der Standardkunden standardmäßig ordentlich behandelt. Nicht mehr und nicht weniger. Dafür ist er günstiger, und so haben alle etwas davon. Wer eine Swatch Scuba Libre oder eine Omega Seamaster möchte, ist hier gut bedient. Wer aber einen Ring von Wellendorff, eine Uhr von Lange & Söhne oder ein Ei von Fabergé möchte, schaut bei Christ mit dem Ofenrohr ins Gebirge. Solche Premiummarken wenden sich an eine sehr anspruchsvolle Klientel und arbeiten deshalb nur mit Vertriebspartnern zusammen, die ihren Kunden gewachsen sind. Die Teilzeitverkäuferin, die in-

> *Wobei die Standardware von Wellendorff eher zu Christ gehört als zum wahren Juwelier.*

nerhalb der Douglas Holding von Thalia zu Christ wechselt, weil da die Arbeitszeiten geeigneter für Alleinerziehende sind, ist das in der Regel nicht. Stattdessen braucht man Verkäufer, die hochwertigen Schmuck lieben und selbst besitzen und ihre Kunden für diese besondere faszinierende Welt begeistern können.

Der Inhaber des Juweliergeschäfts steht für dieses Mehr an Individualität und Begeisterung mit seinem eingeführten guten Namen. Er braucht die Ware nicht selbst zu verkaufen, sollte aber anwesend sein, seine Stammkunden kennen und ein Auge darauf haben, dass die Werte seines Unternehmens im Kundenkontakt gelebt werden. So hält es der Padrone des Lieblingsitalieners seit Menschengedenken auch. Solch ein Mehr an Persönlichkeit wird von der zahlungskräftigen Kundschaft geschätzt; dafür nimmt sie weite Wege in Kauf: »Bei Christ um die Ecke kann ja jeder kaufen. Ich bin aber nicht jeder!« Der inhabergeführte Juwelier muss sich deshalb die Frage stellen, ob er Schmuckhändler ist oder vielmehr der Juwelier des Vertrauens. Wer sich für Ersteres entscheidet, muss Christ Juweliere zu Recht fürchten. Wer Zweiteres wählt, darf ihm jeden Tag dafür danken, dass er der eigenen Zielgruppe das anbietet, was sie genau nicht möchte.

> *Warum bleibt Christ nicht bei seinen Leisten? Die Positionierung »Juweliere« nimmt ihm keiner ab, der schon mal bei Wempe ins Schaufenster geschaut hat. Nicht einmal die Mitarbeiter.*

Echte Feinde zu haben motiviert: Ein Wettbewerber hat das Prädikat »Gegner« nur verdient, wenn er mit derselben Positionierung unterwegs ist. Sonst ist er Marktbegleiter, Mitbemüher, Kuchengrößermacher. Wenn eine Marke ähnliche Produkte, Services, Strukturen und Kunden wie eine andere aufweist, muss man sich an ihr reiben. Die Treiber hinter diesem Bedürfnis sind soziale Vergleichsprozesse, die unwillkürlich ausgelöst werden, wenn das Gegenüber sich ähnlich profiliert. Vergleiche mit anderen unterstützen dabei, die eigene Leistungsfähigkeit besser einzuschätzen, und man bekommt gute Ideen, wie man Gutes noch viel besser macht. Ist man als Torwart erst so gut wie Tim Wiese oder schon so gut wie Manuel Neuer?

Lufthansa gehört entweder noch zu den Premium-Fluggesellschaften oder Emirates, Etihad und Qatar Airways haben dieses

Segment schon derart breit besetzt, dass da kein Platz mehr ist. Wer sich mit diesen Wettbewerbern messen will, muss prüfen, ob er dafür wirklich die Ressourcen zur Verfügung hat; vor allem auch bis in die Haarspitzen motivierte Mitarbeiter, die den Kampf gern und überall aufnehmen. Muss man sich hingegen eingestehen, dass die eigenen Waffen gegen die Petrodollar-Milliarden der Konkurrenz nicht genug auszurichten vermögen, zieht man sich lieber strategisch in die adäquate Kampfklasse zurück. Das Duell mit ungleichen Waffen demotiviert schon beim Antritt, und es darf außerdem kein Kampf sein. Auch das bemerkt der Fluggast sofort.

Die Marke Navyboot, ein Schweizer Hersteller von edlen Schuhen und Taschen, war in einem solchen Dilemma und zog schließlich die Reißleine: Über Jahre erfolgreich als hochpreisige Premiummarke etabliert, versuchen neue Investoren, die Marke ins margenstärkere Luxussegment zu heben. Statt Bree und Michael Kors heißen die Wettbewerber jetzt Louis Vuitton und Chanel, statt der vielen wohlsituierten Durchschnittskunden fokussiert man die oberen Zehntausend. Ein Relaunch, der weder von den alten noch von den potenziellen neuen Kunden mitgetragen wurde, schon gar nicht von den Mitarbeitern. Inzwischen ist man bei Navyboot wieder das, was man mal war, und wieder sehr erfolgreich. Das Eingestehen und Korrigieren von Fehlern zeichnet starke Marken aus und stärkt sie.

Premium kostet Geld. Bei Lufthansa mutet es an wie »Große Sprünge, nix im Beutel«.

Die Stewardess merkt auch sofort, dass sie den neuen Slogan »Nonstop you« nicht erfüllen kann: Sie kann sich nicht vom Start bis zur Landung um jeden Wunsch jedes Gasts kümmern. Das frustriert, auch den Fluggast.

Positionierung braucht eben viel Kontinuität – weit mehr Zeit als die Halbwertszeit eines Marketingleiters, der auch mal eine gute Idee durchsetzen will.

ZUM MITNEHMEN

- Starke Wettbewerber sind starke Mitbemüher. Sie bestätigen, dass man mit dem richtigen Produkt im richtigen Markt unterwegs ist. Jetzt geht es um die richtige alleinstellende Positionierung.

- Starker Wettbewerb ist Ansporn dazu, die eigene Positionierung spitz und alleinstellend zu formulieren.

- Auch in gesättigten Märkten (Uhren, Mode, Tischkultur …) ist Luft für Neues, wenn die Haltung, die Marschrichtung und die Story extraordinär sind.

- Feinde zeigen, dass man im richtigen Markt unterwegs ist. Wer keinen hat, schläft ein.

- »Premium« sagt sich leicht und lebt sich schwer. Dazu braucht es ein entsprechendes Budget, bedingungslose Kundenorientierung, langen Atem und Kontinuität.

»Was macht die Marke, Herr Kurek?«

Geschäftsführer, Komenda, St. Gallen

Markenfahrrad ist nicht gleich Fahrradmarke

»Velo« ist schweizerisch und heißt Fahrrad. Velo fahren die Schweizer für ihr Leben gern. Trotz der Berge, trotz des Verkehrs, trotz der Rennradtouristen, die im Sommer mit ihren perfekten Rädern und Outfits die See- und Serpentinenstraßen von Vevey bis Ascona blockieren. Seit es E-Bikes gibt, fahren sie gerade wegen der Fahrradurlauber noch lieber Velo. Deren erstaunt-frustrierter Blick ist einfach zu schön, wenn sie in der Steigung von einem entspannt lächelnden Veloisten überholt werden, der scheinbar schwerelos, garantiert aber lautlos, an ihnen vorüber-zieht. Ansonsten darf es auf Radtouren auch mal etwas gemütli-cher zugehen. »Cruisen« nennt man das. Am liebsten mit einem Velo, das bequem ist, lässig aussieht, mindestens 16 Gänge hat und von der Marke Cresta stammt.

Cresta ist für die Schweizer, was Kettler und Herkules für die Deutschen sind – beziehungsweise waren, weil diese beiden großen Marken von früher die neue Zeit verschlafen haben. Cresta, das sind über 110 Jahre St. Galler Geschichte der Fami-lie Komenda, 80 Mitarbeiter, die älteste Velofabrik der Schweiz und Geschäftsführer Dirk Kurek, der mit den langen Haaren und den hörbar deutschen Wurzeln so gar nicht ins Bild passt. »Die Liebe hat mich vor zehn Jahren in die Ostschweiz verschla-gen«, sagt der heutige Ehemann und Geschäftsführungskollege von Alexandra Komenda, der Ururenkelin des Firmengründers. Auch für die Liebe sind Fahrradmessen gut. Vor dem Wechsel hatte er den Vertrieb bei Giant, der weltweiten Nummer eins im Fahrradmarkt, für Deutschland, Österreich und die Schweiz unter sich.

Ein Fahrradexperte, eine Frau mit Velo im Blut, eine etablierte Marke: Homerun, sollte man meinen. Wenn da nicht die große Verantwortung wäre, die sich aus der Unternehmensgeschichte ergibt: »Die Marke Cresta ist so lange im Markt, dass sie quasi in Volkseigentum übergegangen ist«, erzählt Kurek. »Veränderungen ja, aber bitte nicht zu viele und vor allem nicht zu schnell.« Also nur bewahren oder lieber neu gestalten? Man tut das eine, ohne das andere zu lassen: schrittweise Verjüngung der Marke Cresta und Einführung der neuen Marke Ibex, die Hipster und Großstädter anspricht. Das Ganze aufgehängt unter der Dachmarke Komenda, die nicht nur die beiden eigenen Marken produziert und vertreibt, sondern auch die Marke Giant und viele wichtige Zubehörmarken exklusiv in der Schweiz vertreibt. Ledersättel von Brooks, Reifen von Schwalbe, Komponenten von Shimano und vieles mehr. Mehr Diversifikation in einer Branche geht nicht, mehr Marke auch nicht. Alles glaubwürdig und schön ungewöhnlich für solch ein kleines Unternehmen. Der Stuttgarter Markenberater Stefan Sell sagt in seinem Buch *Vom Hidden Champion zum Brand Champion*: »Das Thema Marke führt im Mittelstand immer noch ein absolutes Nischendasein. Marke als Wachstumsgrundlage, Wachstumssicherung und Wachstumstreiber ist nicht vorhanden. Die Wachstumsberge können nicht hoch genug sein, aber die Markengipfel kommen im Mittelstandsportfolio vielfach einfach noch nicht vor.«

»Schweiz ist gleich Cresta ist gleich Schweiz« ist der Anspruch an die Traditionsmarke aus dem Hause Komenda. Cresta ist unmittelbar mit der Schweiz verbunden, mit all ihren Werten und Bildern verknüpft. Man radelt durch sattgrüne Landschaften, entlang der Seen, hinauf zu den Aussichtslokalen im Appenzell, im Berner Oberland und im Wallis. Man genießt und schaut sich um, fährt ein Stück und macht wieder Pause. So wird die Marke in Katalogen und in ihrer Tonalität erlebbar. Cresta gibt es überall, aber nicht bei jedem. Man kennt seine Händler, kümmert sich um sie, schult sie, sorgt dafür, dass sie immer das verkaufen, was der Kunde will. Möglich ist diese hohe Kundenorientierung durch das eigene Werk in Sirnach,

Kanton Thurgau, die älteste Velofabrik der Schweiz und die einzige, in der auf der Basis des roh angelieferten Rahmens Fahrräder komplett gefertigt werden – ungefähr 10.000 Stück pro Jahr. »Bei uns ist just in time nicht nur eine Phrase. Wir liefern ein voll individualisiertes Fahrrad innerhalb von zwei Wochen. Das kann Giant mit seiner standardisierten, auf sechs Millionen Fahrräder pro Jahr ausgerichteten Produktion nicht«, arbeitet Dirk Kurek eines der wichtigsten Differenzierungs- merkmale des Mittelständlers heraus.

Ein Hingucker ist das Modell Cresta Boulevard, das erste Schweizer Genuss-Velo, das die Sinne und das Lustzentrum genauso anspricht wie funktionale Bedürfnisse. »Es schlägt die Brücke zwischen Nostalgie und Moderne und trifft damit den Nerv der Zeit«, sagt Herr Kurek. Von Standardblau über Hellgelb und Lindgrün ist fast alles möglich, dazu gibt es den Brooks- Ledersattel aus dem eigenen Haus mit den farblich darauf ab- gestimmten Griffen. Nicht Retro, nicht Hightech, irgendwie anders – Cresta halt. »Die Idee hat meine Frau aus Holland mit- gebracht. Sie war inspiriert von den Rädern dort: bequem, lang- streckentauglich und kultig. Wir haben das Hollandrad schweiz- fähig gemacht.«

Ibex ist auch Komenda, auch schweizerisch, aber nicht so tra- ditions- und heimatbewusst. Der Name kommt von Capra ibex, dem Alpensteinbock, und das stilisierte Schweizerkreuz ist Teil des Logos. Das war's mit dem Schweiz-Bezug. Mehr Schweiz ertragen Ibex-Biker nicht. Sie wollen anders sein als ihre Eltern, aus deren Heidi-Idyll sie in die Stadt geflohen sind. Sie sind Hipster, trendige Kosmopoliten, die Adidas-Sneakers tragen, Häkelmützen von Myboshi und Umhängetaschen von Freitag, die es sogar nach New York ins Museum of Modern Art geschafft haben. Da gehört Ibex auch hin. Hipster kaufen das Fahrrad, das zu ihrem Lifestyle passt. »Menschen kaufen bei uns alles Mögli- che, vom Mobilitätsvehikel über Lifestyle bis zum Ausdruck ih- rer Persönlichkeit. Als Letztes kaufen sie Fahrräder«, bringt Ku- rek die Psychologie des Fahrradmarktes auf den Punkt. Deshalb kann man sich mit dem Velo-Konfigurator sein höchstpersönliches Rad aus 2,5 Milliarden Kombinationen zusammenstellen, auch mit blassrosa Sternchen lackiert oder grün-gelb gestreift.

Ibex ist die progressivere, jüngere Marke. Deshalb ist auch sie es, unter der Komenda das Thema E-Biking pointierter spielt. Cool, modern, anders – genau das Gefühl, das auch das Fahren mit Elektromotor ausmacht. Zwei unterschiedliche E-Bike-Positionierungen: Bei Ibex wird das Velofahren mit Elektroantrieb cool und rasant (für die hippe Zielgruppe), bei Cresta wird es kraftsparend und leicht (für die bequeme Zielgruppe). Das ist Dual Branding vom Feinsten. Ob sich die Bikes auch technisch unterscheiden, spielt keine Rolle. Damit wurde Komenda beim schweizerischen TV-Verbrauchermagazin *Kassensturz* Testsieger gegen die großen Wettbewerber Flyer und Watts. Das freut den Kleinen, der als Erster Motoren von Bosch einbaute und damit den Standard setzte: Heute ziehen alle nach.

Marke setzt Signale, gerade auch wenn der Absender aus St. Gallen in der Ostschweiz kommt und 80 Mitarbeiter hat. Markenstrategie schafft Sicherheit und Kontinuität. Mit Cresta, Ibex und dem Zubehörvertrieb hat Komenda drei Standbeine, die sich gegenseitig stützen und inspirieren. Das lässt die Macher ruhig schlafen und gibt ihnen Zeit, sich mit dem zu beschäftigen, was für dauerhaften Erfolg wichtig ist – Kundenbedürfnisse und neue Produkte: Das »Fat Bike« von Komenda hat sehr, sehr dicke, profilierte Reifen. In der Schweiz kommt der erste Schnee im Oktober, der letzte geht im April. Schweizer sind Ganzjahresradler und scharf auf gutes Material.

Persönlichkeit:

Warum Mini nichts für echte Kerle ist

»Ist der nicht süß!«, »Herzig!«, »Zum Knuddeln!«, »Schau mal, der treue Blick!« Hier geht es nicht um das Neugeborene, das erstmals in seinem Bugaboo-Wagen den Latte-macchiato-Frauen vorgeführt wird. Auch nicht um Franky, den Mops, dem die Großstadtfrau aus der geräumigen Furla-Handtasche heraus seine große Welt vorführt. Es geht um den Mini, das Auto mit dem süßesten Gesicht in der Branche: große, runde Augen (die Scheinwerfer), leicht geöffneter Mund (der Kühlergrill), putzige, abstehenden Ohren (die Außenspiegel)... Zum Anbeißen! Da wird der Karrierefrau ganz warm ums Herz, und der kernige Mann weiß nicht recht, ob er das Auto jetzt auch süß oder doch lieber komplett unmännlich und damit so richtig unsexy finden soll.

Der Mini hat das gewisse Etwas, das bei Frauen ankommt. Wäre er ein Mensch, würde man ihn als frech, keck, süß und eitel beschreiben. Eigenschaften, die Muttergefühle auslösen können. Den wollen sie knuddeln – trotz Gokart-Feeling, Doppelauspuff und des satten Sounds vom Cooper S. Die weltgewandte Mini-Fahrerin ist tendenziell cool und jung und heißt wahlweise Julia, Kate oder Linda. Sie lebt mitten in der großen Stadt und hat einen gut bezahlten kreativen Job. Sie liebt es auszugehen und neue Menschen zu treffen. Am Wochenende zieht sie mit dem Kiteboard los, im Kofferraum den Prosecco von Rich in der Dose, im MP3-Player Katie Perry und im Handschuhfach Pidana, die PIlle DANAch. (Bei dieser Namensgebung waren hochbezahlte Hochkreative am Werk!) Der Kurzzeitgefährte auf dem Beifahrersitz heißt wahlweise Samuel, Joshua oder Damian. Da will er auch bleiben, echte Kerle sitzen in einem Mini nicht am Steuer, schon aus Imagegründen. Fehlt nur noch das Blümchen im Väschen mit dem Saugnäpfchen am Windschutzscheibchen – und das Herrenhandtäschchen. Da helfen maskuline Werbeslogans wie »All Revolutions Start Small« und der Verweis auf große Ral-

Jetzt bist du in der Welt des VW-Beetle. Mini würde sich damit niemals vergleichen – der eine ist Premium, der andere ist Volkswagen.

Na ja, der Cinquecento ist 8.000 Euro günstiger, der Boxster 15.000 Euro teurer. BMW sieht die zwar als Konkurrenten, aber im Grunde hat der Mini keine. Gratulation nach München!

lyeerfolge nicht weiter. Der Mini ist eher ein Frauenauto als ein Männerauto. Deshalb sollte er es bei den Männern gar nicht weiter beziehungsweise intensiver versuchen. Keine andere Marke fokussiert so konsequent und so erfolgreich die urbane, erfolgreiche, solvente, investitionsfreudige Frau. Die Wettbewerber Fiat Cinquecento und Porsche Boxster sind zwar ebenfalls als Frauenautos positioniert, tun sich aber schwer damit, zu Mini aufzuschließen.

Marken sind wie Menschen: Wer im Studium mit echten Männern rumhängt und die Frauen mit seiner Männlichkeit zu beeindrucken sucht, raucht Marlboro. Wer intellektueller rüberkommen möchte und auf die Geisteswissenschaftlerin reflektiert, raucht Gitanes aus dieser Packung, die man so lässig aufschiebt. Und für die wahren Harten gibt es Roth-Händle ohne Filter. Im Blindtest kann kein Raucher eine Marke von der anderen unterscheiden. Darauf kommt es auch nicht an, alle Marken führen beim ersten Zug zu Hustenreiz, vor dem Einschlafen zu fadem Geschmack im Mund und zu Auswurf am Morgen. Vielmehr geht es um die Frage, ob man die nächste Party durch die Augen des an Gelassenheit nicht zu übertreffenden Marlboro-Cowboys sehen will oder lieber durch die eines Jean-Paul Sartre, der in einem Pariser Café mit Simone de Beauvoir Gitanes raucht und über Sinn und Unsinn der Emanzipation diskutiert. Die Marke als symbolische Selbstergänzung, die Markenpersönlichkeit als Ausdruck von Identität und Grundhaltung.

Wer raucht, will gesehen und bewundert werden. Das ist in zugigen Hauseingängen nicht mehr möglich. Deshalb wird lieber gejoggt – in der Goretex-Vollausstattung die einen, in der von TCM die anderen.

Das iPhone ist hip, trendy, kreativ und cool. Wer damit telefoniert, ist all das auch! Das Blackberry ist dagegen nüchtern, ertragsorientiert, busy und professionell. iPhone-Typen wollen nur spielen, Sudoku und Angry Birds. Der Blackberry-Typ hat für Spiele keine Zeit. Er leitet seine Wichtigkeit aus der Zeit bis zu dem Moment ab, in dem das Smartphone nach dem Ausschalten des Flugmodus rot blinkt. Er wird gebraucht, endlich! Peinlich, wenn sich das Gerät des Nachbarn in der Businessclass nach der Landung zuerst meldet. Vielleicht liegt es ja am Netz … Wozu sich noch mit Worten vorstellen, wenn das Handy schon alles über den Grad der eigenen Wichtigkeit erzählt?

Wenn Menschen Marken beschreiben, tun sie das mithilfe menschlicher Attribute. Sie sind ihnen vertraut und helfen ihnen dabei, ein möglichst differenziertes Bild von der Marke zu zeichnen. Ein Ford ist langweilig-vernünftig, ein Kostüm von Jil Sander ist elegant-distanziert und der Computerchip von Intel hat auch einen menschlichen Charakter: Er wird verkörpert von der Blue Man Group, den in blauen Schleim getunkten Supertrommlern aus Amerika. Die Begegnung mit Menschen ist Teil unserer Sozialisation. Wir sind darauf trainiert, sie anhand von Nuancen zu unterscheiden und aus den feinen Unterschieden Hinweise darauf abzuleiten, wie wir ihnen begegnen sollen. Mit dem Großvater verbinden wir den ostpreußischen Dialekt, mit dem Onkel schweigsame Stammtischrunden und mit dem Fußballtrainer unkontrollierte Wutausbrüche. Innerhalb unseres Kulturkreises sind wir immer in der Lage, die Mitglieder einer zusammengewürfelten Gruppe anhand einzelner Schlagworte auseinanderzuhalten: »Du meinst den Casanova mit der Elvis-Tolle?« – »Nein, das Landei mit dem niederbayerischen Akzent und der Brünetten im Arm.« Solche szenisch beschriebenen Typologien kann man einordnen und sich gut merken. Der eine ist der lose Beziehungstyp, den man trifft und wieder vergisst. Die Elvis-Tolle weckt Erinnerungen an die Sechzigerjahre und die damit verbundenen Bildwelten. Der andere ist der bodenständige Typ mit fester Beziehung und regionalen Wurzeln. So einfach muss es bei einer starken Marke auch sein.

Starke Markenpersönlichkeiten sind Charakterköpfe: Bei Peek & Cloppenburg gibt es die aufwendig gestalteten Markenwelten der Premiumhersteller; eine Welt von Barbour, eine von Gant, eine von Polo Ralph Lauren. Sie sind unterschiedlich dekoriert, aber die Mode unterscheidet sich nicht großartig. Die Kleidungsstücke lassen sich fast nur anhand der Logo-Stickereien auf der Brust auseinanderhalten. Objektiv gesprochen sind die Marken austauschbar. Für ihre Fans sind sie jedoch alles

Die wahre Human Brand weiß inzwischen, dass das Blackberry einen richtigen Aus-Schalter hat und wo der sitzt. Wirklich wichtig machen die Nichterreichbarkeit und die klasse Sekretärin daheim.

Die von Barbour haben sogar Smell Branding: Der aufdringliche Geruch nach Skiwachs macht das erste Date zur besonderen Herausforderung.

andere als das. Materialität und Schnitt sind für sie nicht ausschlaggebend – sie spiegeln ihre Persönlichkeit darin. Wer an Barbour denkt, sieht den englischen Landadligen, der in Gummistiefeln durch sattgrüne Wiesen watet, den geschossenen Fasan am Gürtel. Er fährt mit dem Land Rover Defender auf die Jagd. Barbour ist die Marke für Englandurlauber und Fans der königlichen Familie. Der Mann, der Gant trägt, ist ein smarter Segler aus dem Stockholmer College-Team. Seine Fönwelle sitzt perfekt, auch bei Windstärke 7. Der Hemdkragen ist mit Dalli-Duo-Sprühstärke akkurat hochgebügelt. Er fährt Volvo Cabrio. Gant spricht ein jung gebliebenes Publikum an, das sich gern an die Studienzeit erinnert und besonders froh darüber ist, die miefige Studentenbude gegen ein schickes Apartment getauscht zu haben.

> *Schon recht, auf Segeln und stürmische See machen, dabei sind die meisten Klamotten gar nicht wasserfest. Die darf man bestimmt auch nur per Hand waschen (nicht wringen!).*

Wer an Polo Ralph Lauren denkt, sieht auch einen, der es geschafft hat. Aber er ist ein ganz anderer Mensch: Er gehört der typischen amerikanischen Upperclass an, dem Upper Conservative Mainstream, wie der Segmentierungsexperte sagt. Die Breitcordhose und den Wollpullover zieht er auch dann nicht aus, wenn der Frühling in den Hamptons vorbei ist und der Hochsommer in Manhattan 35 Grad Celsius heiß ist. Seine Automarke kennt nur der Chauffeur. Wer ein Gesicht hat wie ein Mensch, hat auch Charakter – und der schafft Identität. Selbst wenn man das an der Kleiderstange nicht bemerkt und dafür erst im Kopf die Vorstellungswelten von den so unterschiedlichen Leben dieser Charaktere aktivieren muss.

Echtheit ist der Anfang von allem: Die Markenpersönlichkeit erfordert den ehrlichen und geduldigen Umgang mit der eigenen Herkunft. Sie lässt sich nur erfolgreich entwickeln und einführen, wenn Management und Mitarbeiter voll zu ihr stehen, an sie glauben und das mit ihr verbundene Markenversprechen leben. Die Marke muss authentisch und ehrlich sein. Es geht darum, eine Identität erlebbar zu machen, nicht um Galionsfiguren für die Werbung. Dazu braucht es eine fest verankerte Wertebasis, die Ecken und Kanten hat und von allen

Beteiligten geteilt wird. »Ein Wert ist nur dann wertvoll, wenn sein Wert wertgeschätzt wird«, sagt Bryan Dyson, langjähriger Chef von Coca-Cola.

Herr Seitenbacher von der gleichnamigen Müslimixerei in Buchen im Odenwald ist eine starke und authentische Markenpersönlichkeit. Das erkennt man daran, dass sein Müsli mehr Fans, aber auch mehr Hasser hat als jedes andere Müsli in Deutschland. »Woischd, Karle, des isch des Müsli von dem Seitenbacher. Lecker mal fuffzehn.« Von Herrn Seitenbacher schwärmt und über ihn lästert und flucht es sich vortrefflich. Jeder kennt ihn aus dem Radio und hat das Bild vom kauzigen Haferflocken-Müller vor Augen, wenn die Sprache auf ihn kommt. Jeder hat eine pointierte Meinung, niemandem ist er egal. Besonders wichtig: Jeder weiß, dass Seitenbacher hochwertiges und gesundes Müsli baut. Mit der überfürsorglichväterlichen Art geht uns Herr Seitenbacher, der ganz anders heißt, auf den Geist wie sonst nur die Schwiegermutter mit ihren gut gemeinten Ratschlägen. Das macht ihn genauso glaubwürdig und liebenswert wie sie, die wir dafür lieb haben, dass sie sich um uns sorgt und uns vor Gefahren beschützt. Ein liebenswerter Freak, der was an der Murmel hat, uns aber im Kern viel Gutes und nichts Böses will. Und er ist so pur wie seine Mischung.

SAP kommt bei einer der wichtigsten Zielgruppen unecht rüber und verpasst dort Umsatz: Europas größter Softwarekonzern tut sich schwer beim Mittelstand. Das ist nicht technischer Natur, sondern der eigentümlichen Persönlichkeit der Marke geschuldet. Es sieht so aus, als hätten die versteckten Champions vor, auf und hinter der Schwäbischen Alb Angst vor SAP: zu komplex, zu teuer, zu kompliziert. Den Familienunternehmern graust es aber nicht vor dem Produkt, sondern vor den SAPlern, die erst wortreich verkaufen und dann wochenlang wortreich installieren: »Herr Anderle-Schneckenburger, Ihre Business Processes bieten noch jede Menge Room für Improvement.« Wenn Herr Anderle-Schneckenburger von der Buchhaltung dann noch kann, entgegnet er: »Freund, lern sprechen, dann

So lustig das ist: Langsam, aber sicher führt das bei der Audience zum Overkill. Das Kokettieren mit dem Dialekt ist megaout und bei den Comedians schon wieder durch. Wenn der so weitermacht, gibt's bei den Müslis bald Bambule.

> *Das passiert, wenn das Marketing in Deutschland sitzt und die Kommunikations-abteilung in Amerika. Clash of Cultures!*

kommst du wieder.« Denkt man an SAP, fallen einem Werte wie Effizienz, Internationalität und Komplexität ein. Man sieht Menschen, die an den besten Universitäten studiert haben und ständig Englisch in ihr Handy sprechen. Das ist die wahrgenommene Markenpersönlichkeit von SAP, mit ihr ist man groß geworden. So etwas schätzt man in den Dax-Konzernen; für kleinere Unternehmen ist es zu abstrakt, abgehoben, unpersönlich. Hier kann eine Mehrmarkenstrategie angebracht sein: die große englischsprachige Marke für die großen englischsprachigen Unternehmen; die mittelgroße deutschsprachige Marke für die mittelgroßen deutschen Unternehmen.

Schindler macht das. Der Schweizer Aufzugbauer ist der globale smarte Partner beim Bau von Wolkenkratzern in Peking, Frankfurt und Rio. Wo es nur noch um Großes und Hohes zu gehen scheint, fühlen sich die Architekten und Bauherren kleinerer Objekte nicht mehr so wohl. Deshalb hat man für den Mittelstand in der Schweiz die Marke AS Aufzüge geschaffen – der flexible Macher, einfach und nah statt komplex und groß. Auf der Website heißt es: »Als Tochtergesellschaft des Schindler Konzerns verbinden wir die Individualität eines KMU mit den Perspektiven und Sicherheiten eines Großunternehmens.« Mit dieser Zweimarkenstrategie behauptet Schindler in der Schweiz unter 50 Wettbewerbern mehr als 50 Prozent Marktanteil.

> *Strategie als Selbstzweck ist sowieso over, auch bei der Marke. Davon braucht es nur noch so viel wie nötig. Viel wichtiger ist die operative Umsetzung immer und überall.*

Die Markenpersönlichkeit prägt die Unternehmenskultur: Konsequente Markenführung hat viel mit Kultur- und Veränderungsmanagement zu tun. Ziel ist, Kunden und Mitarbeiter emotional und wertebasiert anzusprechen, um dauerhafte Verhaltensänderung zu bewirken. Das erreicht man nicht mit ein paar bunten Bildchen, viel Budget, Jürgen Klopp als Botschafter und noch mehr Chaka-Chaka. Vielmehr braucht es eine Organisationsstruktur und eine Führungskultur, die jedem Mitarbeiter und jedem Kunden das (Er-)Leben der Marke jederzeit ermöglicht. Dann ist sie so vielfältig wie präsent. Erleben passiert, wenn das Management in Meetings sitzt und Strategiepapiere für die Schublade produziert.

Das Festspielhaus in Baden-Baden ist Marke pur. Man betritt es und fühlt sich sofort aufgehoben. So gut, dass man sich etwas schämt für die ausgelatschten Rieker-Sandalen. Rausgeschmissen wird man dafür aber nicht: »Die Gäste sind heterogen. Keiner wird ausgeschlossen.« So steht es im Markenmanifest des Festspielhauses, und so wird es gelebt. Die Wertschätzung wird dermaßen spürbar, dass der Gast etwas zurückgeben möchte – zum Beispiel indem er sich besonders schön macht für das Haus. Von der Ticket-Buchung über das auffällig freundliche Personal im Foyer bis zu der Rose, die die Damen nach der Vorstellung überreicht bekommen: Alles greift perfekt ineinander, alles ist aus einem Guss. Das begeistert die Gäste, und das drückt sich aus in einer durchschnittlichen Auslastung von 85 Prozent und einer Besucherzufriedenheit von 98 Prozent.

Was sind das denn für tolle Schlappen? Können die etwas, was Birkenstock nicht kann?

1998 steht das Festspielhaus kurz vor der Pleite. Zu teure Produktionen und mangelndes Interesse haben es nur drei Monate nach der Eröffnung in die Enge manövriert. »Stell dir vor, es ist Weltklasse, und keiner geht hin«, witzelt ein Musikkritiker, als das Ensemble der Londoner Covent Garden Opera vor leeren Rängen spielt, weil kaum jemand 600 Mark für ein Ticket zahlen will. »Ein Dom Pérignon ohne Mumm«, titelt der *Spiegel* und fragt nicht ohne Spott, ob diese 120 Millionen Mark teure »Stätte des provinziellen Größenwahns« jemals ohne Unterstützung der öffentlichen Hand auskommen wird. Seit 2003 geht das, was schon an sich ein Alleinstellungsmerkmal darstellt. Möglich wird dieser »Walkürenritt über den Schuldenberg« durch eine Markenstrategie, die auf der Überzeugung basiert, dass zu einem gelungenen Musikabend mehr gehört als sehr gute Musiker und die technisch perfekt ausgestattete Abspielrampe. Es braucht außerdem die Atmosphäre des Besonderen, menschliche Nähe und Wärme und die Liebe zum Detail, etabliert und umgesetzt durch eine unverwechselbare Markenpersönlichkeit. Sie heißt »perfekte Gastgeberin«.

Das ist ja geil! Die leben Marke so schön subkutan, dass man berührt ist und den Zweck gar nicht bemerkt. Königsklasse!

Die begreifen mal, dass auch beim Marke-Leben ein bisschen schwanger nicht geht: entweder alles geben oder gar nicht erst antreten dafür.

Gast ist nicht gleich Gast. Diese Erkenntnis leitet die Neuausrichtung der Baden-Badener Strategie ein. Es lassen sich drei Zielgruppen eindeutig unterscheiden: die Musikkenner, die

Musikliebhaber und die auftretenden Musiker. Die Musikkenner sind ständig auf der Suche nach dem ultimativen künstlerischen Kick. Für einen Künstler, den sie unbedingt sehen wollen, fahren diese Klassik-Groupies quer durch Europa nach Baden-Baden. Die Musikliebhaber sind scharf auf unvergessliche Erlebnisse. Musik ist ihnen wichtig, aber eigentlich ist sie nur der Nährboden für das besondere Ereignis. »Wer hat denn gespielt?« – »Ich weiß nicht mehr, aber es war wunderschön!« Die auftretenden Musiker sind teils hochsensible Diven. Wenn sie nicht wollen oder können, steht der Laden still. Eine kurzzeitig zu kühl gelagerte Geige, und Baden-Baden hat geschlossen. Diesen so unterschiedlichen Anspruchsgruppen wird man gerecht, indem man nicht das funktionale Produkt »Musik« in den Fokus der Positionierung rückt, sondern das emotionale Erlebnis von Gastfreundschaft und besonderer Atmosphäre. Dafür kreiert das Festspielhaus die Persönlichkeit der perfekten Gastgeberin – ein Bild, an dem sich jeder Beteiligte orientiert und misst:

> *Hier geht es um das Wahre, Schöne, Gute. Das geht im schmutzigen Maschinenbau genauso wahr, schön, gut: Wer samstags in die Oper geht, kauft montags eine Flachstrickmaschine.*

»Die Gastgeberin betritt den Raum. Wir sehen eine intelligente und elegante Frau mittleren Alters. Wie man es von ihrem äußeren Erscheinungsbild erwartet, ist sie außerdem eine kultivierte Gesprächspartnerin – immer verbindlich, niemals zu persönlich und um jeden ihrer Gäste gleichermaßen bemüht. Mit ihrem feinsinnigen und warmherzigen Humor überrascht sie Gäste immer wieder aufs Neue. Sie ist jederzeit gegenwärtig, aber niemals dominierend. Nicht sie steht im Vordergrund des Abends, sondern ihre Gäste. Sie schafft ihnen eine Bühne, ein Forum der Begegnung zwischen Künstlern und Kunstgenießern. Selbstverständlich bestimmt sie die Regeln des Abends – sie ist es, die Ambiente, Stimmung und Benehmen entstehen lässt.« Dieses Bild reicht aus, um jedem Mitarbeiter zu vermitteln, was man von ihm erwartet. Den feinen Unterschied macht dabei die Tatsache, dass die Gastgeberin weiblich ist. Der männliche Gastgeber will für das, was er leistet, gelobt werden: »Hat geschmeckt, oder?« – »War toll, gell?« – »War auch ganz schön viel Arbeit!« Er drängt sich seinen Gästen manchmal ein bisschen zu sehr auf. Für die Gastgeberin ist hingegen die Stimmung, die ein gelungener Anlass hervorbringt, Lob genug. Sie hält sich im Hintergrund.

Dann ist da noch das Dilemma mit dem männlichen Multitasking: Frauen sehen die Vase schon fallen und fangen sie unauffällig auf, bevor Männer überhaupt mitbekommen, dass sie existiert. Wer eine perfekte Gastgeberin sein möchte, müsste als Mann viel zu hart an diesen Fähigkeiten arbeiten. Positive gastgebende Eigenschaften ausschließlich am Geschlecht der Markenpersönlichkeit festzumachen, greift sicher zu kurz. Auch ist verständlich, dass diese stereotype Sichtweise die Gleichstellungsbeauftragten auf den Plan ruft. Nichtsdestotrotz zeigt die Erfahrung, dass das Kategorisieren in Männlein und Weiblein nach wie vor gut dazu geeignet ist, ein bestimmtes Rollenverständnis zu vermitteln und zu etablieren.

Die Mitarbeiter aus den Bereichen Foyer, Gastronomie, Ticketing, Betriebsbüro, Veranstaltungstechnik, Förderprogramm, Presse und Geschäftsführung setzen sich in Workshops mit der Frage auseinander, wie sie das Bild von der perfekten Gastgeberin in ihrem Umfeld perfekt zum Leben erwecken. Nimmt sie an der Garderobe einen nassen Mantel an, der nach Hasenstall riecht? Wie verhält sie sich bei einer ungerechtfertigten Beschwerde und wie, wenn ein Künstler zehn Minuten vor Vorstellungsbeginn einen Nervenzusammenbruch hat? Diese und ähnliche Fragen stellen sich die Mitarbeiter in regelmäßigen Abständen wieder und wieder. Sie erhalten Schulungen zur Positionierung. Außerdem ist die Erwartung, sich als perfekte Gastgeberin zu verhalten, Teil ihrer Zielvereinbarung. Die Konsequenz begeistert Besucher, Musiker und Förderer. Aufgrund dieser gelebten Gastfreundschaft kommen die Berliner Philharmoniker, das New York Philharmonic Orchestra, Anne Sophie Mutter und Lang Lang nach Baden-Baden. Und wegen dieser Kultur spielen sie stets vor gut gefülltem Haus.

Das Rollenspiel Mann/ Frau ist markenmäßig ultrawichtig, beim Absenden genauso wie beim Fokussieren. Wie es geht, sieht man bei »Caveman. Du sammeln. Ich jagen!« Und wer da nichts lernt fürs Marketing, hat in Zielgruppenkunde gepennt.

Es ist wie immer im Leben: Ganz ohne Druck geht es nicht.

97

ZUM MITNEHMEN

- Menschen beschreiben Marken mit menschlichen Attributen. Es kommt darauf an, mit welchen.

- Persönlichkeit macht sympathisch: Man mag nicht den Pullover an sich, man mag den Stil. Nur was sympathisch ist, taugt als Beziehungspartner.

- Erst die griffige Persönlichkeit macht die abstrakte Identität vermittelbar und erlebbar.

- Wer sich für eine Persönlichkeit entscheidet, muss sie das ganze Markenleben lang konsequent verkörpern.

- Persönlich ist nur, was in allen Lebenslagen und Situationen glaubhaft rüberkommt. Wissenschaftler nennen es Authentizität, der Volksmund sagt Echtheit.

»Was macht die Marke, Herr Drieseberg?«

Geschäftsführer, Weingüter Geheimrat J. Wegeler

Wie es kommt, dass ein Riesling seit 30 Jahren der bekannteste Riesling Deutschlands ist

»Der Riesling ist der König der Weine«, weiß der Kenner, der keine Ahnung hat. Kenner sind wir alle, und keine Ahnung haben wir auch. Einen Riesling ordert man, wenn die Nacht so jung ist wie die Liebe und man sich beim Bestellen keine Blöße geben mag. Der passt immer, neuerdings auch zur Ochsenbacke an Röstzwiebel-Gänseleber-Ravioli und Zungensalat. Vorbei die Zeit, als der brachiale Gewohnheitsweintrinker vier Sorten kannte: rot, weiß, gut und schlecht. Heute weiß man, was ein Sommelier macht, und man kennt Paula Bosch. Und falls nicht, befragt man unterm Tisch das Orakel von Google. Es ist ebenfalls en vogue, während des Sorbets zur Geschmacksklärung önologisches Halbwissen in die Konversation einfließen zu lassen und sich auf die Reaktionen der Mitesser und -trinker zu freuen.

Vorn dabei beim Fachsimpeln in der gehobenen Gastronomie ist der »J«. Dabei kann, wer diesen Buchstaben gegenüber dem Weinberater fallen lässt, nur gewinnen. Dann kommt ein Geheimrat J Riesling, in der eigens für ihn geschaffenen schlanken Schlegelflasche. Für um die 80 Euro – für einen Rheingau-Riesling! Die Flasche steht für große Symbolik und sorgt für eindeutige Wiedererkennbarkeit. Um den Hals hat sie das Schildchen an der Goldkordel, wie eine Medaille, mit dem kupfergestochenen Geheimrat Julius Wegeler darauf. Der war ein knorziger Rheingau-Bourgeois, mit weit gespanntem Schnauzer und Fliege am gestärkten Hemdkragen. Zum Wohle! Auf die Kunst! Und – sind wir nicht alle ein bisschen Geheimrat?

Tom Drieseberg, heute der Chef bei den Weingütern Wegeler, hofft, dass die Ober das Schildchen beim Servieren dranlassen: »Dann sieht man vom Nachbartisch besonders gut, was da getrunken wird, auch weil die lange Flasche aus dem Kühler rausschaut. Unverkennbar: Das ist ein »J«! Julius Wegeler war 1882 der Gründer und Namensgeber der Weingüter mit dem Ruf wie Donnerhall in der Welt der anspruchsvollen Kellergeister. Mit ihm bekommt der »J«, erfunden 1983, ein Gesicht, eine Seele wie ein Mensch. So bemisst man seinen Wert in mehr als in Jahrgang, Grad Oechsle und Euro. Wegeler orientiert sich beim »J« am Prinzip des Erstweins im Bordeaux, bei dem nur die besten Weine eines Jahrgangs assembliert, also zusammengeführt werden, und den Weg in die Flasche finden. Die Trauben wachsen in gleich 15 Grand-Cru- oder »Große Lage«-Weinbergen. Deshalb kann er nicht den Namen nur eines einzigen Weinbergs tragen, braucht er den ansprechenden Fantasienamen wie ein Latour oder Lafite. Der stolze Name ist dann, bei konsequenter Markenpflege, der Fingerabdruck des gesamten Weinguts. Und das, obwohl (vielmehr gerade weil) der »J« naturgemäß eine Cuvée, also ein Verschnitt ist. Nur die unverbesserlichen unter den Gewohnheitstrinkern behaupten noch, die Cuvée könne prinzipiell nichts und der Lagenwein sei immer die bessere Wahl. Bei Lage kann man enttäuscht werden, beim Verschnitt des langjährig gewachsenen Vertrauens nicht. Typischer Einsatz für den »J«: »Man hat einen guten Geschäftsfreund, vielleicht aus dem Ausland, zum Essen eingeladen. Da will man beim Wein kein Risiko eingehen und schon gar keine Experimente machen. Man sieht ihn auf der Karte und denkt: Da bin ich auf der sicheren Seite. Der ist qualitätsmäßig ziemlich weit oben und hilft mir dabei, dass der Abend gut verläuft. Und mein Gegenüber wird sicher erfreut sein.«

Solvente Chinesen gehen bei den Wegelers in Oestrich-Winkel im Rheingau ein und aus. Das ersehnte »J«-Erlebnis, dieses gustatorische Feuerwerk, stört überhaupt nicht, dass das Gutshaus so bürgerlich anmutet, genauso wie die Website. Je stärker und anziehender das Produkt, desto weniger braucht es den effektheischenden Auftritt. Man konzentriert sich sowieso auf den Anblick der Flasche – und besonders auf den ersten Schluck. Dieses so unprätentiös daherkommende Weingut verkörpert mit den originalen Ölgemälden, den schweren Vollholzmöbeln in der Probierstube und dem genauso unaufgeregten Chef die Werte, die der Asiate von der Wiege seines »J« erwartet: deutsch, geschichtsträchtig, solide, bewahrend. Und der Europäer auch. Sie wollen das Original, das mit dem formidablen Markenversprechen. Für Tom Drieseberg ist es ein Werteversprechen: »Es sind die Hochwertigkeit der Weinberge, der kompromisslose Wille zur Qualität und die harte Arbeit dafür. Jeden Tag Handarbeit, 14- oder 16- mal im Jahr den einzelnen Rebstock besuchen, bei der Lese drei- oder viermal durch den Weinberg gehen, nur die reifen Trauben rausholen und die anderen noch hängen lassen. Es ist auch, eine gute Traube zu sehen, und, wenn fünf oder sechs andere angefault sind, mit der Schere reinzugehen, die eine gute herauszunehmen und die faulen wegzuschneiden. Dafür gibt es keine Maschine und keine App.« Das sind die Voraussetzungen für das Wichtigste: die immer gleichbleibende Güte. »Wer einmal einen »J« getrunken hat und ihn immer wieder trinkt, wird in der Regel nie enttäuscht. Das liegt auch daran, dass wir keinen machen, wenn die Qualität der Trauben nicht stimmt.«

Drei Mal, zuletzt 1991, war das der Fall. Aussetzen ist so markenbildend wie konsequent ehrlich im Sinne des Renommees. Drieseberg sagt, es sei wie bei den Politikern: »Denen nehmen es die Leute inzwischen auch übel, wenn sie ihr Werteversprechen brechen.« Er halte es auch anders als so manche Bank, die mit der Zeit hochnäsig geworden sei, ihr Werteversprechen nicht mehr gehalten und die kleinen Sparer vergrault habe. Heute müsse man die geflüchteten Kunden mühsam wieder zurückgewinnen. Außerdem: Wer lieber Pause macht, als den Umsatz durchzupeitschen, hat ein schönes Conversation Piece. In besseren Genießerkreisen erzählt man gern, dass es manchmal keinen »J« gab. Das ist Storytelling vom Feinsten, das den Wein und seine Macher so schön menschlich, fehlbar macht. Wie bei Mon Chéri, die im Sommer Pause machen: Was es nur begrenzt gibt, das will man umso lieber.

Tom Drieseberg spricht seiner Ikone die Fähigkeit zur intellektu-ellen Überhöhung zu. Es gehe nicht bloß darum, welchen Jahr-gang welchen Weines man zu welchem Essen ordere; vielmehr auch um die kulturelle Kompetenz, die man sich damit erwerbe: »Wer heute Ahnung von Wein hat, der hat ein Sozialprestige, das mit Geld kaum zu bezahlen ist. Wissen über Wein ist ein Un-terscheidungsmerkmal, und mit dem Geheimrat J beweist man seine Klasse. Das hat auch mit der Wahrnehmung der anderen zu tun die sagen: ›Schau, die trinken einen ›J‹.« Wenn man in einem guten Restaurant nach ihm frage, könne man relativ si-cher sein, dass der Ober nur zwei Antworten kenne: »Haben wir leider nicht« oder »Welchen Jahrgang?«.

Diese Marke macht aus dem Weintrinker einen »Label-Trinker«. Was manchmal abfällig gemeint ist, beruht auf einem logischen Verhaltensmuster, das wir alle kennen und befolgen: Der Mensch orientiert sich an Codes und Symbolen, die gute Produkte für ihn wiedererkennbar machen. Wer sich bei der Weinauswahl auf ein starkes Label verlässt, der zeigt, dass er begriffen hat, was hinter diesem Symbol steht. Und wer behauptet, dass er da nicht mitmache, sagt die gebogene Wahrheit. Drieseberg fragt den männlichen Label-Kritiker und vorgeblichen Symbolverwei-gerer gern, wann er das letzte Mal auf der Damentoilette war. Das war er dann seit Kindertagen nicht mehr, weil das Symbol an der Tür ihn immer eine Tür weiter, zu seinem Symbol, weist. Bei dem Riesling, der, wenn man eine Flasche abbekommt, ab Hof knapp unter 30 Euro kostet, weiß man auch immer, was ei-nen hinter dem Symbol, hier ist es das Etikett, erwartet. Das gibt, wie alle starken Marken, Orientierung bei der Auswahl, die Sicherheit, sich richtig entschieden zu haben, und dieses eine wohlige, so schwer zu beschreibende und so leicht zu erlebende gute Gefühl.

 # Beziehung:

Weshalb ein Krankenhaus ohne Braunülen kein Krankenhaus ist

Starke Markenpersönlichkeiten sind Freunde fürs Leben. Nach drei Wochen Schrothkur im Allgäu gibt es nichts Schöneres, als sich auf dem Rückweg ins wahre Leben bei Ronald McDonald zum amerikanischen Essen einzuladen: der vertraute Duft, das angeknipste Lächeln der Tresenkraft, der Kampf der Jugend um die richtigen Figürchen aus der Happy-Meal-Box und dann der erste richtige Bissen in der neuen Freiheit … So vertraut und verlässlich! Es hat nichts mehr zu tun mit Freiheit und Abenteuer und großer weiter Welt, vermittelt aber ganz viel Sicherheit, Geborgenheit und Kontinuität. Das sind die Werte, die eine erfüllte Beziehung ausmachen, zu einem Schnellimbiss wie zu einem Menschen. Warum also beim leckeren schnellen Essen Experimente machen, wenn das Gelernte, Geschätzte liegt so nah, ganz ohne Risiko? Was waren wir damals alle Burger-Kings, da bei McDonald's! Heute gehen wir nicht mehr hin, nur manchmal, wenn die Vernunftgäule mit uns durchgehen und wir dann für eine halbe Stunde wieder der Zündapp-Mofa fahrende, heimlich hinter der Bushaltestelle rauchende Halbstarke in der Boyco-Jeans und dem S. Oliver-Sweatshirt sind und keiner zuschaut. Und schön, dass es an der Autobahn überall die leuchtenden, auf hohen Masten montierten Bögen gibt. Die sieht man von Weitem und man kann bei einem nahenden Autohof von Tank & Rast getrost runterschalten und Gas geben und erst eine Ausfahrt später beim goldenen M rausfahren.

Da arbeiten die McDonald's-Leute jahrzehntelang daran, uns die goldgelben Bögen beizubiegen, und du sprichst ungeniert vom goldenen M. Was müssen die noch tun?

In der freundschaftlichen Markenbindung steckt das größte Potenzial. Sie hält gut und gern ein Leben lang, wenn sich die Marke in den Augen ihrer Fans nichts Gravierendes zuschulden kommen lässt. Es ist wie im richtigen Leben: Ist der erste Kuss nass und schmatzig, wird es nichts mit Beziehung oder gar Liebe, am liebsten lebenslang. Kommt der frisch promovierte Biologe, den ersten gut dotierten Vertrag in der Tasche, in der abge-

> *Ich kenne einen, mit dem ist der Verkäufer morgens im Fünfer zum Flughafen gefahren, und abends hat er ihn mit dem Dreier abgeholt. Der bleibt lebenslang bei BMW und fährt heute Sechser.*

> *Und die rabattstarken Verkäufer sind genauso schnell woanders: Wer Kundenbindung kauft, ist auch offen für gekaufte Mitarbeiterbindung.*

wetzten Lieblingslederjacke ins Autohaus, und begrüßt man ihn dort mit den Worten »Gebrauchte stehen draußen«, ist das so ein Fall: Diese Nichtbeziehung hält auch ein Leben lang. Nimmt allerdings die Dame am Empfangstresen dieser schönen neuen Welt den jungen Herrn Doktor gefühlt in ihre zarten Arme, bis der gut geschulte Fahrzeugberater mit den Amöben auf der Krawatte und dem Röntgenblick für stabile Umsatzbringer Zeit für ihn findet, und führt der ihn dann die nächsten Jahre, beginnend mit dem Einser über den Dreier und den Fünfer so behutsam wie kompromissfrei an den Sechser heran (der Siebener ist nichts für einen promovierten Biologen), sind die Markenküsse fortwährend schön zart, angenehm in der Feuchte und so leise wie der Sechser in Cruising-Geschwindigkeit. Die Markentreue ist beim Automobil mit am größten. Deshalb beißen sich die Hersteller bei dem Versuch die Zähne aus, Silver Surfers und Forever Youngsters (früher hießen sie Senioren) ihre angestammte Automarke auszureden. Von ihnen gibt es immer mehr, von neuen Methoden bei solchen Abwerbeversuchen auch.

Vielversprechender als das Anwerben neuer Kunden ist das Geldverdienen mit bestehenden Kunden. Darum müssen sich alle Beteiligten fortwährend bemühen. Nach der aufgenommenen Kundenbeziehung kommt nämlich die Kundenbindung – und die darf nicht mehr aufhören. Faule Marketingleute wissen das ganz genau, deshalb locken sie manchmal lieber neue Kunden mit coolen Aktionen auf Kosten der Marge, anstatt sich um die bestehenden zu kümmern. Aber die neuen sind schnell wieder weg, wenn die Preise wieder anziehen, und vor allem wenn sie bei ihrer neuen Markenbeziehung Sicherheit, Geborgenheit und Kontinuität vermissen. Man kennt es von Mobilfunktarifen und Festgeldangeboten. Da sind auf den Plakaten die kleinen Sternchen-Texte ganz unten viel länger als die großen Aktionstexte ganz oben. Ab drei Dioptrien wird's undeutlich. Wer in den Kundengründen Dritter wildert, hat bloß Schiss vor der Markenarbeit. Langfristig bringt es nichts außer Mühe, Ärger und verbrannter Erde.

Markenbeziehungen halten ein Leben lang. Da gibt es die engagierte Partnerschaft, die lebenslang gepflegte Kindheitskameradschaft und die regelrechte Abhängigkeitsbeziehung. Nokia ist gut für die engagierte Partnerschaft zwischen Nostalgikern: Den Handyhersteller gibt es nur noch, weil viele Nutzer der ersten Generation freundschaftlich verklärte Erinnerungen an das 6210 mit der Ladeschale fürs Auto hegen. Da träumen sie sich gern wieder hin. Sie sagen, dass Nokia ihnen damals schon gute Dienste erwiesen hat und sie den neumodischen Kram nicht brauchen. Solch eine enge Freundschaft verbietet den Wechsel zur Konkurrenz und diese Einstellung bringt die Fans sogar dazu, die Marke Nokia gegen Abgesänge in Schutz zu nehmen. Auch weil sie damit ein bisschen wie der coole Revoluzzer von damals sind.

Eine Kindheitskameradschaft pflegt man auch in reiferen Jahren gern mit dem Goldbären, diesem treuen Begleiter vergangener Zeit. Einmal Haribo, immer Haribo. Das ganze hippe Zeug im Zuckerregal braucht derjenige nicht, dem Goldbärenkauen das Bild zurückgibt, auf dem er es sich frisch gebadet und im Frotteebademantel zwischen Mama und Oma auf der Couch für »Wetten, dass …?« gemütlich macht. In Frankreich sagt man »'Aribeau« und hält die Goldbären für Landsleute. Marken setzen Rationalitäten außer Kraft; auch bei denen, die, wenn es um Samsung Galaxy und Levi's 501 geht, lieber in der falschen Hose als mit dem falschen Smartphone aus dem Haus gehen.

Die Konsumentenbeziehung zu Levi's hat stark abgenommen. Das liegt vor allem daran, dass Levi's sich auf seinen Lorbeeren ausgeruht hat. Lange gab es nichts Neues, das mit der Zeit ging, weder in der Werbung noch im Laden. Wie daheim: Wer sich nicht immer wieder neu darum bemüht, dass seine Beziehung jung und knackig bleibt, wird verlassen. Heißt für Levi's: Wer nicht mit der Zeit geht, geht mit der Zeit. Heute gibt es mehr als nur die eine Jeans, und die sind viel mehr en vogue: Diesel und Closed und 7 For All Mankind und Nudie's und Jacob Cohen … Levi's ist im Ozean der Gleichförmigkeit untergegangen.

> *Richtig und wichtig. Dennoch braucht es Innovation. Der Taxi-Sparte von Mercedes geht es langsam genauso schlecht wie der Smartphone-Sparte von Nokia. Der unverwechselbar sonore Sound, wenn die Tür zufällt, macht allein noch keinen Markt.*

Red Bull bleibt dagegen immer ganz oben. Es ist keine Droge, kann aber wie eine wirken, und vielfach entsteht eine Abhängigkeitsbeziehung. Das schafft die Firma, indem sie sich laufend neu erfindet. Der Erfolg kommt nicht davon, dass sie die Trends erkennt – sie macht die Trends! Red Bull macht keine Kampfpreis- oder Treuepunktaktionen, und Trinker von naturtrüben Säften und Oldschool-Brausen will man gar nicht haben. Die eigene in der Wolle gefärbte Klientel ist groß genug und wird immer größer. Für sie macht die Marke den Spagat zwischen jung und cool bleiben für nachwachsende Tankstellen-Einkäufer und mitwachsen mit den treuen Ersttrinkern von vor 20 Jahren.

Das schafft nur, wer die Techniken des Markenaufbaus und der Markenpflege und die Orchestrierung der Marketingmaßnahmen so meisterhaft beherrscht, dass selbst Marketingprofis auf die Frage nach dem USP von Red Bull antworten, es verleiht Flügel. Dabei ist das die Kommunikative Leitidee des Marketings, und die beruht – so einfach wie genial wie wirkungsvoll – auf dem genauso schlichten Alleinstellungsmerkmal »Macht wach« und dem schönen Nutzenversprechen »Du kannst länger«: länger lernen, studieren, tanzen, feiern, küssen und Schlimmeres … Wer ein bisschen so sein will wie der Weltraumspringer Felix Baumgartner, kann nicht anders, als auch von dem Zeug zu trinken und felsenfest anzunehmen, dass ihm das bisschen 0,4 Prozent Taurin darin ebenfalls Flügel verleiht.

Markenunternehmen brauchen für ihre Marken ein Beziehungsmanagement. Es funktioniert, wenn man es in der Markenpersönlichkeit, in der Kultur des Unternehmens und im Denken der Mitarbeiter verankert. Der Elektroinstallationstechnik-Hersteller Busch-Jaeger hat die Markenwerte Tradition, Innovation und Partnerschaft. Für die Kundenbeziehung ist der Wert Partnerschaft besonders wichtig. Er ist prägend und differenzierend, weil ihn nicht alle haben und vor allem weil er gelebt wird: Obwohl das Unternehmen zum großen ABB-Konzern gehört, ist es nahbar für die Elektroinstallateure. Sie haben für diejenigen, die sie betreuen, nicht nur eine Nummer, sondern vor allem ein Gesicht. Das spüren sie im täglichen Miteinander.

> *Auch, weil die eine reine Marken- und Marketingmaschine sind und nicht mal eigene Abfüllanlagen haben.*

> *Um wachmachen und länger können geht es doch schon lange nicht mehr. Red Bull ist eine Eventkultur, und die Büchse ist die Eintrittskarte.*

> *Kontraproduktiv nur, dass die Mitarbeiter @de.abb.com-Maildressen haben. Das nimmt dem Ganzen so glaubwürdigen mittelständischen Approach die Kraft.*

Eine ähnliche Positionierung hat B. Braun in Melsungen. Der Medizintechnik-Konzern mit 50.000 Mitarbeitern ist im weltweiten Vergleich eher klein, aber der einzige in Privatbesitz. Die Beziehung, die die Eigentümer zu ihrer Firma haben, merkt man ihr an: Sie investieren in das Unternehmen statt in Villen und Hubschrauber. Die Firma kommt mittelständisch daher, was gut ist für die Begegnung auf Augenhöhe, und wenn man ihren Produkten begegnet, hat man das Gefühl, der Gründer Bernhard Braun erläuterte sie persönlich.

Das macht sich in einer Hersteller-Verwender-Patient-Beziehung bemerkbar. Man produziert vor Ort und kennt seine Kunden, und man wird genauso noch da sein, wenn der Wettbewerber Johnson & Johnson die Medizintechniksparte schon lange verkauft hat. B. Braun mag in mancher Hinsicht etwas erdverbundener daherkommen, dafür wirken die Leute in Melsungen und ihre Abgesandten weltweit näher, persönlicher, aufrichtiger und nachhaltiger. Das, was sie tun, ebenso: Es kommt nicht nur in Deutschland vor, dass Krankenhauspatienten gezielt danach fragen, ob ihre Venenverweilkanüle mit Zuspritzport und FEP-Katheter auch eine »Braunüle®« ist. Wenn dem so ist, sind sie unter Umständen etwas beruhigter und werden vielleicht etwas schneller gesund.

Indem Menschen ihre Lieblingsmarken mit vertrauten Attributen beschreiben, entwickeln sie Nähe und Vertrauen zu ihnen. Dann wird aus der unbegreiflichen Software von Microsoft der lebenslange Begleiter, der ihr Potenzial erkennt und es weiterentwickelt. Nutella spendet dann Trost und Geborgenheit, und Jägermeister – außen immer noch schön spießig, aber innen schön wild – sorgt dafür, dass sie, genau wie die Hirsche an der Wand und wie Udo Jürgens, einmal verrückt sind und aus allen Zwängen flieh'n. Menschenähnliche, personalisierte Marken lässt man in den Bauch und ins Herz. Da entstehen das Gefühl und der erhöhte Pulsschlag, die dafür sorgen, dass man kauft.

Wie lange hält die Beziehung, wenn sie mit Lizenzverträgen aufgezwungen und nicht mit Innovationen begehrlich gehalten wird?

ZUM MITNEHMEN

- Erst durch die dauerhafte Beziehung lässt sich mit dem Kunden Geld verdienen.

- Wer unternehmerisch langfristig denkt, schafft diese Beziehung mit der Marke und adäquatem Markenverhalten.

- Als Beziehungspartner taugt eine Marke, wenn sie Angriffsfläche bietet. Der blasse Jüngling wird vergessen.

- Beziehung = Vertrauen = Komplexitäts- und Risikoreduktion = Investitionsbereitschaft.

- Kleine Unternehmen haben bessere Beziehungschancen: regional, persönlich, verantwortlich.

Wert:

Wie teuer ein Opel ist, wenn er von Audi ist

Im Februar 2013 erscheint das Romandebüt des britischen Autors Robert Galbraith *The Cuckoo's Calling* (Der Ruf des Kuckucks). Obwohl von Kritikern wohlwollend besprochen, verkauft sich das Buch nur mäßig. Nach drei Monaten haben sich gerade 1.500 Leser dafür erwärmt. Nicht schlecht für einen Erstling, aber viel mehr als ein Einzimmerapartment in Clapham unterm Dach, täglich eine warme Mahlzeit und ein Tässchen Earl Grey sind da für den Autor des 600-Seiters nicht drin. Das ändert sich schlagartig, als sich im Juli desselben Jahres herausstellt, dass es sich bei Robert Galbraith um ein Pseudonym der Harry-Potter-Erfinderin J. K. Rowling handelt. Eine enge Freundin der Autorin hat der *Sunday Times* aus Versehen einen Hinweis gegeben. Zähneknirschend muss Frau Rowling die Maske fallen lassen und zusehen, wie ihr Roman in wenigen Tagen die Bestsellerlisten erobert. Laut TheBookseller.com stiegen die Verkaufszahlen in der ersten Woche nach Bekanntwerden der wahren Autorin um 41.000 Prozent. »Zu sagen, dass ich enttäuscht bin, wäre untertrieben«, so Rowling in einer Stellungnahme. Hatte sie doch gehofft, das Geheimnis noch ein bisschen länger für sich behalten zu können.

J. K. Rowling ist eine Topmarke mit außerordentlich hohem Wert. Sie macht es möglich, dass die Verkaufszahlen des Buchs innerhalb von drei Monaten von 1.500 auf 6.991.500 Exemplare steigen, ohne dass man am Inhalt oder der Verpackung, am Preis oder dem Vertriebskonzept etwas geändert hat; dass die zuvor verhaltenen Kritiker sich plötzlich mit Superlativen überbieten; und dass der Umsatz, beim zugrunde gelegten deutschen Copypreis von 22,99 Euro, von 34.485 Euro auf 160.734.585 Euro steigt. Die Autorin beweist endgültig, dass sie zu den großen Erzählerinnen unserer Zeit gehört. Mit ihr verbinden wir aufregende Abende vor dem Elektrokamin, spannende Momente im Kino und stundenlanges Anstehen vor der Buchhandlung, um

> *Genauso »aus Versehen« wird das neue iPhone wenige Tage vor der Markteinführung in einer Kneipe im Silicon Valley vergessen. Gute PR ist, wenn man dran glaubt.*

> *Das ist so schade wie wahr. Marken und ihr Marketing sorgen auch dafür, dass durchschnittliche Produkte aufgewertet werden. Wie die Milka-Schokolade im frischen Tiefkühlcroissant beim Bäcker.*

ein Exemplar mit gestempelter Unterschrift zu ergattern. Der Gedanke an sie öffnet das Herz und das Portemonnaie. Sie hat uns schon so viel Freude, Trost und Geborgenheit gespendet, dass es uns nun ein Anliegen ist, auch im Galbraith-Erstling dieses gewisse Etwas zu finden. Die Marke J. K. Rowling sorgt mit ihrer Bekanntheit und der Loyalität ihrer Fans für Wiederkäufe (des nächsten Potter, falls es doch noch einen gibt) und für Weiterkäufe (von etwas anderem aus ihrer Feder). In diesem Potenzial liegt der wahre Markenwert. Um ihn in Gänze zu begreifen, muss man sich fragen, was unter diesem Markendach außer Büchern, Filmen und Themenparks noch alles möglich ist. Welches Mehrvolumen und welches Preispremium sind erzielbar, welche neuen Märkte und Tätigkeitsfelder denkbar?

> *Dass Tesa derart stark im Zuliefergeschäft ist, weiß kein Mensch. Warum eigentlich nicht? Was in der Industrie so stark ist, kauft man doch umso lieber für zu Hause.*

Tesa ist nicht nur auf Schreibtischen sehr präsent, sondern auch in ganz anderen Märkten unterwegs. Vor allem ist die Beiersdorf-Tochter für ihre Endkundenprodukte wie transparentes Klebeband bekannt. Mehr als drei Viertel ihres Umsatzes macht sie aber mit Klebeanwendungen für Business-to-Business-Kunden in der Elektronik-, Automobil- und Bauindustrie: Displays von Mobiltelefonen und Bildschirme von Tablet-PCs werden mit Tesa-Folie verklebt, auch gibt es Spezialfolien für Lautsprechermembranen in Mobiltelefonen. Die Automotive-Sparte wächst doppelt so schnell wie das Endkundensegment: Immer mehr Teile in Autos werden verklebt statt verschraubt, das spart Gewicht. Die Marke ist kein Business-to-Customer-Phänomen, für Endverbraucher bietet sie nur 300 unterschiedliche Produkte, für die Industrie 6.000 Anwendungen. Den Handynutzer interessiert der beim Zusammenbau des Geräts verwendete Klebstoff nicht – dennoch zahlen die Hersteller trotz des Margendrucks ein Preispremium für Tesa. Sie wollen die bombenfeste Lösung für eine komplexe Herausforderung auf einem Gebiet, auf dem sie keine Expertise haben. Tesa hat sie, dazu das große Portfolio an Lösungen und die ausgewiesene Innovationskraft. Erst das macht ihren Wert aus.

Wertvolle Marken entlasten den Käufer. Samstags als Privatmann auf der Deutschen Runde genauso wie werktags als

Einkäufer in der Firma: Die Informationsüberflutung steigert nicht nur den Unwillen, sich mit immer neuen Marken auseinanderzusetzen. Sie schürt auch das ungute Bauchgefühl, nicht mehr Herr seiner Entscheidung zu sein. Hat ein Kunde zwei Alternativen zur Auswahl, liegt er mit seiner Entscheidung zu 50 Prozent richtig. Muss er aus 20 Produkten wählen, sinkt die Chance, sich für das Richtige zu entscheiden, gefühlt auf nur noch 5 Prozent. Wissenschaftliche Studien belegen, dass die Entscheidungsunsicherheit mit der steigenden Anzahl von Möglichkeiten drastisch zunimmt.

Vertriebsregel Nr. 1: Say less, sell more: Erzähl deinem Kunden nur so viel, wie er verkraftet, und verkauf mehr.

Bei Amazon steht der Mensch vor einem virtuellen Bücherregal mit – allein in Deutschland! – knapp 80.000 jährlichen Neuerscheinungen. Hier soll er sich entscheiden, das beste Buch zu nehmen oder das, das er am besten kennt. Er nimmt den Galbraith, weil er weiß, dass der von J. K. Rowling ist. Wertvolle Marken schaffen Aufmerksamkeit. Aufmerksamkeit schafft Nachfrage. Nachfrage schafft Geschäft. Geschäft schafft Jobsicherheit für den Buchhändler. Man wird nicht dafür gerügt, dass man ein Buch von Frau Rowling im Programm hat. Genauso wenig wird man dafür gefeuert, dass man sich für einen Industrieroboter von Siemens entscheidet. Der Generalist Siemens hat genügend Kapital dafür im Hintergrund, dass die Versorgung mit Geräten und Ersatzteilen auch in Krisenzeiten sichergestellt ist. Dem kleineren Roboterspezialisten Kuka wird das nicht automatisch zugetraut. Wer in die starke Marke investiert, investiert in (Planungs-)Sicherheit: Wenn es mit Siemens nicht läuft, ist das höhere Gewalt und nicht die Schuld des Einkäufers. Der hat zuvor alles Menschenmögliche dafür getan, dass der Chef gut schläft.

Das sehe ich anders. Kuka ist der Roboterspezialist, bei Siemens sind Roboter ein Produkt unter vielen. Der Chef sagt zum Einkäufer: »You will never get fired for buying Kuka.«

Wer ein Ich-fühle-mich-wie-auf-der-Buchmesse-Armageddon erleben möchte, sollte zu Starbucks gehen und nach einem Kaffee fragen. Barista: »Short, Tall, Grande oder Venti? Vollmilch, fettarme Milch, Soja- oder laktosefreie Milch? Einen Sirup dazu oder lieber einen Arabian Mocca Java?« Kunde: »Puh! Tee, bitte.« Barista: »Chai Tea, Chai Tea Latte, Chamomile Blend Tea, China Green Tips Tea, Hibiscus Blend Tea, Mint Blend Tea, English Breakfast Tea, Earl Grey Tea, Jasmine Orange Tea, Vanilla Rooibos Brewed Tea? Oder als Iced Tea?« Kunde: »Geben Sie mir einen Blaubeermuffin und einen kleinen Becher Leitungswasser ohne Eis. Bitte!« Starbucks verwöhnt seine Kunden mit mehr als 6.000 möglichen Kaffeekombinationen. Da artet die Kaffeepause in Stress aus, wenn man nicht ganz genau weiß, was man will. Und dass, obwohl man hier für einen Kaffee den Gegenwert eines ganzen IKEA-Menus zahlt, um einen Moment der Ruhe zu genießen. Bei Starbucks geht es nicht um die Qualität des Kaffees, sondern um das Erlebnis: Barista, loungiges Gefühl, chillige Musik, nette Leute … Entscheidungsdruck am Tresen wirkt da kontraproduktiv. Der Kunde spürt die Schlange wartender Starbucks-Jünger im Rücken und bestellt panisch irgendetwas, im schlimmsten Fall den Caramel Macchiato. Die Folge: Er ist frustriert, weil er nicht das erlebt, wonach er gesucht hat. Marken halten und steigern ihren Wert nur, wenn sie einlösen, was sie versprechen. Starbucks verspricht Erholung. Das macht die Marke wertvoll. Wenn sie dieses Versprechen nicht hält, verliert sie an Wert.

Wertvolle Marken entmachten den Handel. Aldi bietet Haribo, Balisto und Ritter Sport als Ankerprodukte an, um dem Kunden das Gefühl zu geben, er bekomme eine richtige Marke und diese günstiger als bei Edeka. Dabei gibt es bei Aldi sowieso keine falschen Marken. Hier macht sich die Macht massiv beworbener Produkte bemerkbar: Aldi muss sie führen, weil sonst die eigenen Produkte liegen bleiben. Ohne Saft Goldbären und Color-Rado in dem markanten Süßigkeitensortiment, das immer gegenüber vom Brot gleich am Eingang ist, geht gar nichts.

Für den Händler persönlich ist nebensächlich, welche Marken er listet. Entscheidend ist, dass er damit Begehrlichkeiten befriedigt, Umsatz macht und Kunden bindet. Eine wertvolle Marke verspricht vor allem eines: Mehrverkauf. Dieses Versprechen lösen Haribo, Balisto und Ritter Sport ein. So verhält es sich auch mit Alpina-Wandfarbe im Baumarkt. Die kennt der Hobbytüncher, der sich nur alle Schaltjahre an die Wand ranmacht. Ohne

> *Deshalb hat Unilever sein Portfolio schon vor Jahren von 1.600 auf 400 verschiedene Marken reduziert. Starbucks kommt da auch noch drauf.*

> *Aldi macht das so clever wie Motel One: Wer nicht lange suchen muss, kommt öfter und kauft mehr. Alle Erwartungen werden zu 100 Prozent erfüllt.*

die Ankermarke Alpina ist mit ihm wenig Geschäft zu machen. Deshalb stehen die Eimer mit dem orangefarbenen Deckel ganz vorn und über mehrere Meter im Regal, während sich die Eimer der weniger profilierten Marken ganz hinten, ganz oben auf den Metern stapeln, die Alpina übrig lässt.

Der Handel muss führen, was der Kunde haben will. Das gilt auch für das Business-to-Business-Segment, wo ebenfalls Menschen von Menschen kaufen. Der mittelständische Elektroinstallationsbetrieb achtet bei der Auswahl seiner Lieferanten nicht nur auf objektive Produktqualität, sondern auch darauf, dass die Kunden die verwendeten Marken kennen und schätzen. Fokus Steckdosen und Lichtschalter: »Willst du guten Service, nimm Busch-Jaeger. Willst du innovatives Design, nimm Gira.« Endkunden kennen Busch-Jaeger und Gira und ihre jeweiligen Vorzüge aus den Fernsehspots und fordern ihre Marke beim Installateur aktiv ein.

Sauber trennscharf und premium positioniert: Busch-Jaeger punktet beim Wohnanlagenbau (da will man, dass es lange funktioniert), Gira bei den Architektenhäusern (da will man, dass es hübsch aussieht).

Noch weiter geht der Chiphersteller Intel, der es mit cleverer Endkundenwerbung so weit gebracht hat, dass viele PC-Hersteller seine Chips verbauen müssen, um mit ihren Produkten überhaupt gelistet zu werden. Kein durchschnittlich informierter Mensch kennt die Vorzüge eines Intel-Prozessors gegenüber einem AMD-Prozessor. Dennoch spielen sich im Media Markt Dramen ab, wenn das 279 Euro billige Netbook kein Intel-inside-Emblem auf der Tastatur hat. Kein Intel, keine Qualität, kein Kauf. Schon wächst der Druck des Handels auf den Hersteller, Intel zu verbauen. Ob das technisch Sinn macht, spielt keine Rolle; imagetechnisch macht es Sinn. Der Markenwert von Intel erzeugt Begehrlichkeit beim Endkunden, der den Handel unter Druck setzt, der wiederum seine Marktmacht nutzt, um den Produzenten zu beeinflussen. »Intel inside« – eine Erfolgsformel, mit der sich Intel vom unscheinbaren Zulieferer zu einer der wertvollsten Marken der Welt entwickelt hat.

Blöd nur, dass Intel den Mobilfunkmarkt verschlafen hat. Da dominiert Qualcomm – trotz des Namens – bei den Prozessoren. Computer werden morgen von gestern sein, Intel dann auch.

Wertvolle Marken haben mehr Markt: Youtube öffnet Türen zu neuen Märkten und Zielgruppen. Der Wert der Marke liegt nicht darin, dass das Hochladen und Abspielen von Filmen besser funktioniert als bei Wettbewerbsportalen. Er liegt vielmehr in der schieren Masse der Nutzer. Youtube ist bereits heute ein unersetzlicher Point of Interest, und der ist der kleine Bruder des Point of Sale. Mehr als eine Milliarde Nutzer und sechs Milliarden Stunden angeschautes Videomaterial pro Monat sind ein Wort. Youtube ist das wichtigste Tool, um mit Menschen in Kontakt zu treten. Markenwert: mehr als 18 Milliarden Dollar, für ein paar Hochleistungsserver. Google, das in vielen Online-Bereichen die höchste Schlagkraft hat, hat hier das Nachsehen. Der sogenannte First Mover (der Erste im Markt) hat die Relevanz. Wenn er seinen Vorsprung zu bewahren weiß, spricht er den Followern (seinen Verfolgern) diese Wesentlichkeit ab, und die User tun das auch. Nicht zuletzt deshalb hat Google kein eigenes Filmportal gelauncht, sondern einfach den First Mover gekauft.

> *Man merkt, dass Bosch nicht den Hedgefonds, sondern der Familienstiftung gehört. Wer Zeit zum Wachsen bekommt, der wächst. Die schnelle Monetarisierung kann dann warten.*

Dass eine Marke mit dem eigenen Wachstum in neue Märkte mehr Wert generieren kann, zeigt Bosch: Aus dem Hersteller von Niederspannungsmagnetzündern für Gasmotoren ist in über 125 Jahren Firmengeschichte ein Konzern mit 280.000 Mitarbeitern entstanden, der nach wie vor die Kraftfahrzeugindustrie beliefert und inzwischen ergänzend dazu Gebrauchsgüter (Elektrowerkzeuge, Haushaltsgeräte) herstellt und Industrie- und Gebäudetechnik (Sicherheitstechnik) sowie Verpackungstechnik anbietet. Die schrittweise Markterweiterung ist möglich aufgrund der Reputation und der Stärke der Marke. Bosch ist nicht länger ein Automobilzulieferer, sondern ein integrierter Technologiekonzern, dem man zutraut, neue Märkte zu etablieren und aktiv mitzugestalten. »Technik fürs Leben.« – hier ist der Slogan Programm, auch bei Elektromotoren für Fahrräder: Die anfängliche Absatzprognose von etwa 20.000 Einheiten pro Jahr musste Bosch sehr schnell auf zunächst 70.000 und später auf 280.000 Einheiten pro Jahr anheben. Wer eine starke Marke und gute neue Produkte hat, braucht sich um den Markt nicht zu sorgen.

Zu viel Wachstum ist bei Luxusprodukten wertmindernd.
Tolle Uhren und eine extrem polarisierende Markenpositionierung

haben der Schweizer Uhrenmarke IWC seit Mitte der Nullerjahre einen kometenhaften Aufstieg beschert. »Der Uhr« steht auf dem Werbeplakat. Man positioniert sich provokant und in bester Macho-Manier als reine Männeruhr: »Kostet so viel, wie Sie für den Wagen Ihrer Frau bekommen.« – »Fast so schön wie eine Frau. Tickt aber richtig.« – »Männer tragen ihr Geweih am Handgelenk.« Jedes Flughafenplakat ein Hingucker, jeder Spruch ein guter Einstieg ins Gespräch am Stammtisch, Storytelling vom Feinsten. Das Beste: Obwohl IWC nur eine Damenuhr im Programm hat, wächst auch die Zahl der weiblichen Fans stetig. So kommt man auf der After-Work-Party mit den rosig gescheuerten Bankern ins Gespräch: »Tolle Kurven, hübsches Gesicht, und der Wecker zeugt von Charakter! Kommt, der Lady spendieren wir einen Aperol!«

Das ist so doof, dass es schon wieder saugut ist. Glückwunsch, Jung von Matt!

Perfekte Alleinstellung, rasantes Wachstum. Dennoch wird IWC im deutschsprachigen Raum leiser in der Werbung. Juweliere werden ausgelistet, das Händlernetz ausgedünnt. Der Grund dafür ist, dass IWC hierzulande zu beliebt ist. Sobald auch Kleinsparer die günstigen Zinsen nutzen, um mit einer IWC auf große weite Welt zu machen, verliert die Marke an Strahlkraft. Geschwächte Exklusivität kann zu gesenkten Listenpreisen oder größeren Rabatten oder zu beidem führen – und das senkt das sogenannte Preispremium, die Spanne zwischen Herstellungskosten und Verkaufspreis, die im Luxusbereich besonders interessant ist. Luxus ist mehr als Premium, sagt IWC. Man richtet sich an eine sehr spitze, besonders zahlungskräftige Zielgruppe und schließt andere, nur recht wohlhabende Kunden bewusst aus. Wer einen Nachbarn hat, der eine IWC hat, will selbst keine mehr. IWC verzichtet auf Marktanteil, um die Marke langfristig zu stärken.

Da hat sich jemand im Sinne der Markenpflege gegen den umsatzoptimieren Richemont durchgesetzt. (Dem gehört IWC.) Chapeau!

Marke ist viel Psychologie, weshalb ihre monetäre Bewertung schwerfällt und für Außenstehende schwer nachvollziehbar ist. Ihr Wert entsteht vor allem im Herzen. Mit der Information, dass der Markenwert von Coca-Cola je nach Bewertungsansatz zwischen 0,2 und 78 Milliarden Dollar beträgt, kann man nicht viel anfangen. Zu dessen Berechnung gibt es eine Vielzahl an Kennzahlen und Methoden, die nur so anerkannt sind, wie an sie geglaubt wird und sie angewandt werden. Dennoch gibt es monetäre Markenbewertungsverfahren, die Banken als Sicherheit für die Kreditlinie akzeptieren. Ein gutes Argument gegenüber den Zauderern, die gemäß den Verhinderungssätzen »Das haben wir noch nie so gemacht!« und »Das haben wir schon immer so gemacht!« weiterhin ausschließlich auf Stückzahlen, Preispunktorientierung, noch effizientere Maschinen, Menschen als »Humankapital« und die unbändige Kraft der Reklame und nicht auf die Kraft der Marke setzen.

Unabhängig vom absoluten Markenwert zeichnen die Rankings der Markenbewerter ein einheitliches Bild, was die Rangfolge der wertvollsten Marken aus Kundensicht angeht. Zu Anfang des Jahrtausends wurde sie von Konsumgüterherstellern wie Coca-Cola und McDonald's dominiert. Inzwischen haben Google und Apple die Nase vorn, weil sie im Leben heutiger Konsumenten eine wichtigere Rolle spielen und entsprechend mehr Kauf- und Preisbereitschaft wecken. Im deutschsprachigen Raum halten sich zudem traditionell die Premium-Automarken sehr gut. Auch ihre Wertentwicklung wird davon abhängen, ob sie ihren Status in den Herzen ihrer Kunden halten können. Noch ist das Auto in Deutschland ein Statussymbol, für das der Kunde ordentlich zahlt. Er zahlt für einen mäßig ausgestatteten Audi mehr als für einen ähnlich großen Opel in Vollausstattung. Das ist er ihm wert.

> *Wer sich dazu entschließt, den Wert einer Marke ermitteln zu lassen, muss vor der Auftragserteilung wissen und verstehen, wie und auf welchen Bemessungsgrundlagen das gemacht wird.*

> *Die Bewertungsmodelle sind so stark wie das Selbstbewusstsein derer, die sie zum Zweck der Akquisition von Beratungsmandaten erfunden haben.*

> *In diesem Sinne sagt Frau Müller von Opel, man sei demokratisch und bezahlbar – ein schickes Auto für alle, für schmales Geld.*

ZUM MITNEHMEN

- Wer in die Marke so stetig investiert wie in die Produktion, handelt nach der Formel 1 + 1 = 11.

- Der Markenwert ist so lange immateriell, bis er bei der Bank oder beim Unternehmensverkauf hocherfreut monetarisiert wird.

- Entscheidender als der Wert der Marke an sich ist der Wert, den sie für erfolgreiche Engagements auf neuen Märkten und mit neuen Produkten hat. Er schafft den Vertrauensvorschuss, den man von den Wegbereitern braucht.

- Viel Wert mit vielen Kunden oder viel Wert mit wenigen Kunden schaffen: Die Marke, die am meisten verkauft, ist nicht unbedingt die wertvollste.

- Business-to-Business-Marken sind umso wertvoller, je stärker man sie beim Endkunden positiv verankert.

»Was macht die Marke, Herr Prost?«

Geschäftsführender Gesellschafter, Liqui Moly

Wie man Castrol erst rechts überholt und dann in die Boxengasse schickt

Bei Liqui Moly in Ulm hängt über vielen Schreibtischen ein Schaubild, das »Vision 2020« heißt. Zu sehen ist eine hübsche Kurve mit den Umsätzen und den Erträgen von 1990 bis 2020, die stramm vom tiefsten Punkt (54 Millionen Euro Umsatz und 2,2 Millionen Euro Ertrag 1990) zum vorerst höchsten Punkt (810 Millionen Euro Umsatz und 52 Millionen Euro Ertrag 2020) weist. Die Marschrichtung stammt von 1993, als man zum letzten Mal Verlust machte. Seither ist sie jedes Jahr wahr geworden. Und das mit Motorenöl – goldfarben, in sogenannten Viskositätsklassen von dünn- bis sehr dickflüssig und im sehr kleinen wie im sehr großen Gebinde erhältlich. Erst mal ziemlich austauschbar: Öl ist Öl ist Öl. Was es darüber hinaus ist, ist die Marke.

Bei Motoröl fielen einem früher Shell und Castrol ein, vielleicht noch Fuchs Petrolub und Mobil. Dann fuhr auf einmal Liqui Moly ganz vorne mit, und keiner wusste so recht, wo die auf einmal herkamen. Der Markt brauchte keinen neuen Player, aber dieser machte irgendwas mehr als richtig. Das führt dazu, sagt der Inhaber Ernst Prost, »dass immer mehr Leute sagen: Ich will das, mir gefällt die Marke, mir gefällt das Produkt«. Wie schön, diese einfachste und gleichzeitig glaubwürdigste Begründung für den Erfolg eines Markenprodukts. Es gibt Leute, die füllen in ihr Auto ausschließlich Liqui-Moly-Ware ein. Sie könnten auch billigeres Öl nehmen, und sie wissen das. Aber in sich selbst füllen sie ja auch lieber Bier von Krombacher als von Oettinger ein, und das ist (wegen des Reinheitsgebots) im Grunde ja auch das Gleiche.

Herr Prost ist eine Marke, aus dem Volk, für das Volk. Dabei
fährt er einen schnellen Benz mit großer Liqui-Moly-Reklame
und wohnt in einem Schloss in Leipheim bei Ulm: »Da habe ich
zwei Millionen Euro reingesteckt. Der Wert ist noch da, Papiere
von Lehman Brothers wären jetzt alle weg. Das Renovieren hat
Spaß gemacht und sehr viel Sinn für die Handwerker und die
Stadt Leipheim.« Der Sinn kommt bei ihm bei allem Tun zuerst.
Weil man ihm das abnimmt, wählte ihn die Jury der Best Human
Brands Awards – hier stehen menschliche Markenpersönlichkeiten, die echte Mutmacher, Vorausgeher und Erlaubnisgeber
sind, im Vordergrund – auch zur Best Male Human Brand 2011.
Auszug aus der Begründung: »Ein echter Unternehmer neuer
Zeitrechnung: Ernst Prost steht vor genauso wie hinter Liqui
Moly und besonders auch für wahre Werte, soziales Engage-
ment und nachhaltiges Wachsen. Ein großes Vorbild – und eine
große Marke!«

Hier handelt es sich nicht um einen, der immer nur schön redet, von der dienenden Rolle des Unternehmers und der Verantwortung den Mitarbeitern gegenüber, und dann doch vor
allen Dingen abrahmt. Seit die Medien das Image vom guten
Unternehmer Prost mit ollen Kamellen aus dessen Sturm- und
Drangphase mehrseitig und vierfarbig beschädigt haben, ist er
in Deckung gegangen: keine Talkshows, keine Interviews mehr.
Und der TV-Spot mit der Menschenmarke vor der Produktmarke, in der Halle mit all den Fässern (»produzieren ausschließlich
in Deutschland … zahlen unsere Steuern hier … schaffen neue
Arbeitsplätze und bilden Lehrlinge aus … weder Subventionen
noch Kurzarbeit … bitte ich Sie sehr herzlich: Verwenden Sie
Motorenöle von Liqui Moly.«) läuft auch nicht mehr. Dabei sind
das »genau die Inhalte unserer Unternehmenspolitik, für die wir
stehen und an die wir glauben. Das ist der Liqui-Moly-Geist«.
Der Plot für den Spot entstand im Chefzimmer, zwischen all den
gesammelten Buddha-Statuen. Die persönliche Assistentin sitzt
da einfach mit drin und der Controller auch. Kurze Kommunika-
tionswege. Alle sind gleich wichtig.

Standhaft bleiben und weiterargumentieren, anstatt sich wegzuducken, wäre konsequenter für einen, der sich immer derart profiliert und exponiert und sich damit auch wertvolle Gegner bei den Ölmultis gemacht hat. Es ist gefährlich, wenn der Mensch vor und hinter einem menschengetriebenen Unternehmen dadurch plötzlich aus dem Bewusstsein der Öffentlichkeit verschwindet. Weil es genau dieses Menschliche ist, das Liqui Moly ein Gesicht gibt und damit den Vorsprung vor den austauschbaren Wettbewerbern, die bloß Kännchen und Kanister sind. Der Mensch, nicht das Produkt, hat das Unternehmen zum Marktführer in Deutschland gemacht. Aber er will es nicht mehr, und das ist zumindest genauso konsequent, wie es das unbequeme Leben einer Rampensau zuvor auch war.

Der Markenkern des Unternehmens, sagt der Inhaber, ist »Höchstleistung«, und zwar in drei Richtungen: die eigene aus seiner Verantwortung gegenüber den Mitarbeitern heraus, die der Mitarbeiter bei ihrem Tun in mehr als 110 Ländern und die der Produkte, die auch eine ganze Menge können. Und der Geschmacksträger für all das, so etwas wie ein Markenwert, ist Liebe: »Die Nächstenliebe, die Liebe zum Menschen, die Liebe zum Kunden, die Liebe zum Job, die Liebe zum eigenen Land, die Liebe zum Planeten. Deshalb müssen wir auch etwas vorsichtig umgehen mit den Ressourcen.« Das ist, wenn man seinen nachhaltigen Erfolg auf endlichen fossilen Brennstoffen gründet, ein schwieriger Anspruch und ein ziemlicher Glaubwürdigkeitsspagat. Unangreifbarer dagegen ist der Anspruch, »allen 650 Menschen Freude, Glück, ein Zufriedenheits- und Erfolgserlebnis zu verschaffen, indem sie hier arbeiten. Das ist nicht so schwer, weil Menschen von Haus aus motiviert sind. Ich versuche, die Rahmenbedingungen dafür zu schaffen, dass Arbeit Spaß macht, damit die Menschen nicht sagen: ›Uh, schon wieder Montag, da mache ich lieber blau‹«. Messbar ist das bei Liqui Moly in der Krankenstands- und der Fluktuationsquote, die beide, sagt ein sichtlich zufriedener Chef »sensationell niedrig« sind. Das Mission Statement für alles spaßbringende Tun steht im »Goldenen Dreieck« und hängt am Empfang: »Erfolgreich wirtschaften – dem Gemeinwohl dienen – liebevoll helfen«.

Erfolgreich wirtschaften ist für Ernst Prost, wenn die Vision-2020-Kurve weiterhin mäßig und regelmäßig ansteigt. »Wir haben eine kontinuierliche Unternehmenspolitik: Sichere Arbeitsplätze für 650 Menschen, nachhaltige Ertragskraft statt Umsätze bolzen auf Teufel komm raus und die gesunde Finanzausstattung sind unsere entscheidenden Gesundheitsparameter.« Der Käufer honoriere bei der Kaufentscheidung, dass er die Steuern in Deutschland bezahlt, außerdem den glaubwürdigen Dienst am Gemeinwohl. »Das finden die Menschen überall auf der Welt gut, wenn ein Unternehmen nicht nur Profit macht und dann die Gewinne so lange hin und her schiebt, bis nichts mehr an Steuern zu bezahlen ist.« Markantes Auftreten ist vor allem auch, wenn man sich über den eigenen Horizont hinaus äußert. Ernst Prost tut das bei ausgewählten Anlässen noch: »Wirtschaft muss den Menschen dienen, für den Menschen da sein. Sie darf ihn nicht nur ausbeuten, ausnutzen und zur Profitmaximierung missbrauchen.« Das wird auch erwartet von einem, der sagt, dass monetärer Gewinn für ihn nicht an erster Stelle stehe. Ganz zum Schluss wird er sein Vermögen in eine Stiftung einbringen, die sein Sohn dann führen will. Das Versprechen, dass er von dem Geld nichts haben will, hat er ihm schon abgenommen.

Es braucht mehr von diesen menschlichen Marken, von solchen mit Seele und Gewissen, die die Unternehmensmarken – im Grunde nur sinnlose Gebilde aus Logo, Beton und Bilanz – dorthin führen, wo sie das erbringen, was von ihnen gefordert ist: dienen und leisten. Und von solchen, die klare Ziele haben: »Wir wollten Marktführer in Deutschland werden, jetzt wollen wir Weltmarktführer werden. Dafür tun wir alles, was ein Mittelständler tun kann. Wir sind flexibel, schnell, nah am Markt und am Kunden, Tag und Nacht. Ein Konzern ist genau das Gegenteil, sehr mit sich selbst beschäftigt, Strukturierungen und Umstrukturierungen, ohne Fokus. Die Außendienstmitarbeiter haben sie entlassen, weil ihnen das People-Business auf den Sack geht und sie kein Geld ausgeben wollen für Menschen. Das macht Arbeit, Probleme, Stress. Wenn man stattdessen so konsequent in die Marke und auf dieser Grundlage in den Vertrieb investiert wie wir, kann man mit diesem Vortrieb über Jahrzehnte durchs Bergmassiv bohren, und am Ende kommt man hinten raus und ist Weltmarktführer.« Wann wird das sein? »In 20 Jahren, dann bin ich Mitte 70 und man kann man mich mit meinen Cowboystiefeln voran aus meinem Büro tragen.« Bei der großen Deutsche Castrol Vertriebsgesellschaft mbH in Hamburg sollte man das ernst nehmen.

 # Dehnung:

Wie viel Küche verträgt ein Porsche?

Die Leute von Melitta wissen inzwischen, wo sie zu Hause sind. Dafür mussten sie erst Staubsaugerbeutel auf den Markt bringen. Eigentlich naheliegend, mit der ausgewiesenen Filterkompetenz nicht bloß Geschäfte mit Kaffeebrühen, sondern auch mit Fußbodenreinigung zu machen und dafür die Stammmarke zu dehnen. Die Verbraucher sind geschockt: Sie wollen nicht vormittags im Kinderzimmer die Hamsterhaare durch das Papier saugen, durch das sie morgens das Kaffeewasser gefiltert haben. Das quietscht. Verständlich, und so kommen Staubsaugerbeutel von Melitta nicht an und der Absatz von Melitta-Kaffeefiltern geht dramatisch zurück. Die Beutel gibt es heute noch. Sie heißen jetzt aber Swirl und haben eine eigene Identität – und damit großen Erfolg.

Einer geht noch. Diesem Credo folgend, demontieren sich Topmarken immer wieder selbst. Apple könnte alles bauen: das wasserfeste iPhone für die Dusche, das über die App steuerbare iMobilé fürs Kinderzimmer, die iCook-Küche für Hipster … Macht es aber nicht, denn Zukunft braucht Herkunft und Premium braucht Exklusivität. Mit einem iPhone für 510 Euro erzielt Apple einen Gewinn von 240 Euro. Unwahrscheinlich, dass das noch gelingt, wenn man in vielen Branchen mit vielen Produkten für viele Menschen unterwegs ist. Dann bröckeln Herkunft und Exklusivität, und die Zukunft bröckelt auch.

Was überdehnt wird, reißt irgendwann: Konsequente Markenführung erfordert Mut zum Neinsagen, wenn es angezeigt ist, und die Weitsicht, nicht nur die kurzfristigen Potenziale einer Marke zu sehen, sondern auch ihre mittel- und langfristige Entwicklung. Markenverantwortliche dürfen sich nicht nur fragen, in welche neuen Märkte sie heute mit der Marke gelangen, sondern sie müssen vor allen Dingen auch in Erfahrung bringen, ob solche Dehnungen die Position im Kernsegment verbessern

> *Oder ein Musikabspielgerät, und man nennt es iPod. Pioniere brauchen Mut. Die iKüche wird es nicht werden, die iWatch aber schon.*

> *Toller Vortrag, aber: Was sollen die Damen und Herren Manager noch alles machen, wenn sie jährlich 10 Prozent Wachstum um jeden Preis präsentieren müssen? Wer als Marke gesund wachsen will, muss die Ziele entsprechend ausgeben.*

oder eher verschlechtern. Wichtig dabei ist der zweistufige Beurteilungsprozess: Zunächst wird das Transferpotenzial erster Ordnung analysiert. Es beantwortet die Frage, ob die Marke überhaupt stark genug dafür ist, in einen neuen Markt zu gehen. Schafft sie es, Türen zu öffnen, Regalmeter im Handel zu erobern und auf die Watchlist der Einkäufer zu kommen? Das Transferpotenzial zweiter Ordnung setzt sich dann mit den möglichen Folgen einer Markenerweiterung für die Kernmarke auseinander: Stärkt sie die Kernpositionierung oder droht eine Verwässerung, bei der die Strahlkraft abnimmt und die Absatz- und Gewinnaussichten sich verschlechtern?

Die Marke darf nur gedehnt werden, wenn sowohl das Transferpotenzial erster Ordnung als auch das Transferpotenzial zweiter Ordnung positiv eingeschätzt wird. Wie bei der Einführung der Hybridmotorentechnologie unter der Marke Toyota: Obwohl nicht nur neu für den Markt, sondern auch neu für das Unternehmen, entscheidet man, die Hybridtechnologie unter dem Namen Toyota in den Markt einzuführen. Denkbar wäre auch, eine neue Marke zu schaffen, um zu vermeiden, dass sich ein möglicher Flop negativ auf die Kernmarke auswirkt. Eine Strategie, mit der Mercedes bei der Einführung des Smart und BMW bei der Einführung des Mini gute Erfahrungen gemacht haben. Toyota geht lieber volles Risiko und setzt auf den eingeführten starken Namen. Dank der Reputation gelingt der Markteintritt (Transferpotenzial erster Ordnung); zudem erfährt die Marke, die bis dato eher langweilig daherkam, durch den innovativen Charakter der Hybridtechnologie eine Verjüngungskur (Transferpotenzial zweiter Ordnung). Wette gewonnen! Toyota gilt heute als Erfinder und Vorreiter der Hybridtechnologie. Der einstige Verfolger ist Technologieführer und sieht die Rivalen Mercedes, BMW und Audi im Bereich Hybridtechnologie im Rückspiegel. Das hat auch positive Auswirkungen auf das Image und den Absatz konventioneller Toyota-Fahrzeuge.

> *Den deutschen Herstellern geht es noch zu gut. Toyota ist die Nummer eins und will es auch bleiben. Dafür legt man die nötige Weitsicht an den Tag.*

Eine krasse Fehleinschätzung des Transferpotenzials erster Ordnung ist der gescheiterte Einstieg von McDonald's ins Hotelgeschäft. Anfang des Jahrtausends eröffnete der Burger-Riese mit viel Aufhebens das erste Golden Arch Hotel am Züricher Flughafen. »Wenn das erfolgreich läuft, folgt die internationale Expansion«, jubelt die *Welt* im Dezember 2001, und Urs Hammer, seinerzeit Chef der McDonald's Swiss Holding, ergänzt: »Ein gutes Hotel lebt von den gleichen Elementen wie ein McDonald's-Restaurant: von Convenience [Komfort], Reliability [Zuverlässigkeit] und Hospitality [Gastfreundschaft].« Was soll bei so vielen Anglizismen noch schiefgehen? Eine ganze Menge, lehrt die Geschichte: McDonald's hat zwar die Kompetenz, die Ressourcen und die Marktmacht, um ein Hotel zu eröffnen; aber die Kunden lassen den Transfer vom Fast-Food-Restaurant auf das Hotel nicht zu. McDonald's wird geliebt als der Ort, an dem man sich bewusst ein Stück Unvernunft gönnt. Er steht für den Geruch nach Bratfett und Schmelzkäse, lachende Kinderaugen und saubere Klos. Diese Assoziationen will man nach dem unvernünftigen Essen aber bald hinter sich lassen. Deshalb ist die Vorstellung von einer Übernachtung bei McDonald's keine gute. Schlaf verbindet man mit Ruhe und Erholung – Faktoren, die die Marke McDonald's in den Augen des Kunden nicht mitbringt. Das Potenzial der Marke ist groß – aber nicht groß genug, um sie ins Schlafzimmer zu lassen.

> *Die bei McDonald's sind ja nicht blöd und haben wenigstens mal gemacht. Völlig abwegig war die Nummer nicht. Wer einen großen Scoop landet, ist dafür vorher zehnmal hingefallen.*

Um das Transferpotenzial zweiter Ordnung zu beurteilen, braucht es noch etwas mehr Weitsicht. Was, wenn man mit einer starken Marke die Tür zu einem neuen Markt aufmacht, den dortigen Anforderungen aber nicht gerecht wird? Es kann die Kernmarke beschädigen. So geschehen bei Michelin: Der Reifenhersteller beliefert in den Nullerjahren diverse Rennställe in der Formel 1. Allein der Große Preis von Monaco hat 60 Millionen Fernsehzuschauer. Nachvollziehbar und grundsätzlich richtig, dass Michelin in diesem Markt mitmischen möchte. Transferpotenzial erster Ordnung ist gegeben: Wer, wenn nicht ein Reifenhersteller, sollte sich hier engagieren? Bleibt die Frage nach dem Transferpotenzial zweiter Ordnung: Die Produktion gewöhnlicher Autoreifen hat mit der von Reifen für Rennwagen nichts gemein. Wer in der Formel 1 mithalten möchte, muss für jede Straßenbeschaffenheit und alle möglichen Witterungsverhältnisse unterschiedlichste Reifenmischungen vorhalten.

> *Das sehe ich anders. Wer Sicherheit im Straßenverkehr verkaufen will, muss sich von halsbrecherischen Veranstaltungen fernhalten.*

Daran scheitert Michelin beim Großen Preis der USA in Indianapolis: Nach diversen Pannen und einem schweren Trainingsunfall des Michelin-Piloten Ralf Schumacher sieht sich Edouard Michelin, Enkel des Michelin-Gründers, gezwungen, den sieben Michelin-Teams ausdrücklich von einem Start beim Rennen abzuraten. Statt 20 Fahrern gehen nur sieben auf die Piste. Michael Schumacher gewinnt quasi im Vorbeifahren, die Fans sind frustriert und unzählige Privatkunden alarmiert. »Stellen Sie sich vor, wir wären gefahren und es hätte einen Unfall gegeben«, sagt Motorsportdirektor Frédéric Henry-Biabaud auf der Pressekonferenz. Am Montag nach dem Rennen gibt die Michelin-Aktie um mehr als 1,5 Prozent nach. Im Untersuchungsbericht äußert sich Michelin zu den Gründen des Reifendesasters: »Das Problem war, dass wir die extremen Kräfte, denen die Reifen in Turn 13 [einer Steilkurve] ausgesetzt werden, unterschätzt haben. Wir bedauern, dass die Zuschauer kein spannendes Rennen zu sehen bekamen. Aber in Übereinstimmung mit unseren Prinzipien haben wir die Sicherheit über die Performance gestellt.« Eine späte Erkenntnis und immerhin Wasser auf die Mühlen der auf Sicherheit bedachten Michelin-Käufer. Transparenz und Fokus schaffen Vertrauen, und das ist der Anfang des Wiederaufstiegs. Derzeit denkt Michelin über eine Rückkehr in die Formel 1 nach.

Es war die richtigste Entscheidung unter den falschen. Davon erholen sich die Marke und der Aktienkurs schnell, von einem medienwirksamen Unfall nicht.

Transferpotenzial und Kompetenzprofil sind untrennbar verbunden. Für die Bestimmung des Transferpotenzials dient eine einfache Logik des französischen Markenexperten Jean-Noël Kapferer. Er macht das Transferpotenzial einer Marke vom Kompetenzverständnis abhängig, auf dem ihr Leistungsversprechen beruht: Je technologiebasierter das Kompetenzverständnis, desto geringer das Transferpotenzial. Tempo definiert sich über das Nasentuch, das auch reißfest und sanft zur Nase bleibt, wenn es feucht wird – »durchschnupfsicher«. Das ist eine funktionale Positionierung, die Tempo auf das Betätigungsfeld Nasenhygiene reduziert. Seit einiger Zeit ist Tempo nun auch im Markt für Toilettenpapier aktiv. Solange man die Marke jedoch mehr mit dem Aspekt Naseputzen als mit dem Aspekt Papier verbindet, mag dieser Markentransfer nicht recht gefallen.

Und womit putzt man sich die Nase, wenn gerade kein Taschentuch zur Hand ist …? Das sollte Tempo mal proaktiv thematisieren, dann werden die Kritiker weniger.

Ein etwas höheres Transferpotenzial weisen Marken auf, deren Kompetenz auf einer bestimmten Formel basiert. Milka hat die Formel zur Schokoladenherstellung, der Markenname ist ein Akronym und steht für MILch und KAkao. Vorstellbar ist deshalb die Dehnung der Marke auf alle Produktkategorien, die der Kunde im weitesten Sinne mit Milch und Kakao verbindet: Müsli, Trinkschokolade, Brotaufstrich ... Ein Transfer auf den Bereich Fruchtgummi fällt aus Kundensicht hingegen schwer. Es liegt zwar auch bei den Süßwaren, wird aber mit ganz anderen Vorstellungen verbunden, was Herstellung und Genuss angeht.

Noch höher wird das Transferpotenzial, wenn die Marke ein bestimmtes Wissensprofil (Know-how) in den Fokus ihrer Tätigkeit stellt: Die Unternehmensberatung Boston Consulting Group (BCG) steht für Strategieberatung auf Topmanagement-Ebene. Eine Ausweitung der Tätigkeit auf das mittlere Management ist bereits umgesetzt. Für die Zukunft kann man sich bei BCG auch Coaching-Angebote vorstellen: Wer das Topmanagement in Strategiefragen berät, dem traut man auch zu, den Manager in seiner Tätigkeit zu unterstützen. Eng wird es hingegen bei Projekten, die sich mit Prozess- und IT-Optimierung auseinandersetzen. Hier kommen Spezialisten wie Accenture zum Zug, weil man ihnen das Klein-Klein in der IT eher zutraut als den visionären Denkern von BCG.

> *Accenture macht auch Strategieberatung. Die großen Beratungen müssen wieder trennschärfer werden, dann klappt's auch mit den Tagessätzen.*

Fast unendliches Transferpotenzial haben Marken, die ein zentrales Interesse des Kunden ansprechen. Google definiert sich schon lange nicht mehr über den besten Suchalgorithmus der Branche (funktionales Kompetenzverständnis), sondern man beansprucht für sich, Informationen zu organisieren. Mit diesem Verständnis arbeitet man sich Schritt für Schritt in den Alltag des Nutzers vor: Organisation ist im Zeitalter der Informationsüberflutung immer im Interesse des Kunden. Ob das in Form eines E-Mail-Programms, eines Angebots zum Sortieren der Digitalfotos oder in Form der klassischen Suchmaschine geschieht, ist Google überlassen. In diesem Sinne ist auch die digitale Brille, die man jüngst unter dem Namen Google Glass auf den Markt gebracht hat, ein Mittel zur Alltagsorganisation.

> *Aktuell muss Google beweisen, das man die Daten im Sinne der Schutzbedürftigkeit des Kunden organisiert. Marke erfordert Vertrauen, Google ist Krake.*

> *Wer sagt denn, dass Porsche Sportwagenbauer bleiben möchte? IBM war auch mal Hardware-Produzent und macht heute in IT-Services.*

> *Die Fahrer sind mit der Marke gealtert, jetzt altert die Marke mit den Fahrern. 20 Jahre geht das noch gut – Zeit genug dafür, sich beim Geldverdienen neu zu erfinden.*

> *Nein, die machen das gut: Alle Modelle kommen sauber aus dem Markenkern. Das Verständnis von Sportlichkeit hat sich eben sehr gewandelt.*

Das höchste Transferpotenzial haben Marken, die bestimmte Werthaltungen repräsentieren. Porsche ist kein Auto. Die Marke ist vielmehr Ausdruck für einen exklusiven, erfolgreichen und kraftvoll-sportlichen Lebensstil. Eine Plattform, auf der man sich grundsätzlich auch Bekleidung, Accessoires und Möbel vorstellen kann. Zunächst einmal ist es schön, dass man sich den Porsche mit der Porsche Design Küche von Poggenpohl in die Wohnung holen kann. Aber wie passen Porsche und Küche zusammen? Wo bleiben an der Spüle und auf der Anrichte Sportlichkeit und Kraft?

Diese Frage stellt sich auch in Bezug auf die Modelle Panamera, Boxster und Cayenne. Sie verdienen zwar gutes Geld, Porsches Markenkern, die Sportlichkeit, geht aber anders. Der Boxster ist bereits für die Vorstandsassistentin im dritten Berufsjahr erschwinglich und wird auch bevorzugt von dieser Zielgruppe gefahren. Exklusiv geht anders. Und den Cayenne kann man aufgrund der altersgerechten Einstiegshöhe bis ins hohe Alter fahren. Kraftvoll geht anders. Schön für all die, die sich nun auch Porsche-Fahrer nennen dürfen. Schade für die Marke Porsche, die von der exklusiven Sportwagenmanufaktur zur hochpreisigen Marke für all die verkommt, die sie sich leisten können.

Porsche steht Anfang der Neunzigerjahre vor der Pleite, weil man seine Fans durch eine verfehlte Modellpolitik verprellt hat und der Markenwert nahezu null ist. Sinnbild dieser Misere ist der 924er mit 177-PS-VW-Motor, der Standardbereifung des VW Golf und der Toyota-Optik zum Scirocco-Preis. Ein gewöhnliches Auto für gewöhnliche Leute. Der 924 ist alles, nur kein Porsche. 1991 wird Wendelin Wiedeking CEO. Erste Amtshandlung: alles weg, was nicht die Zahl 911 auf dem Heck trägt. Damit leitet er den Wiederaufstieg des Unternehmens ein, das dieser Tage wieder auf dem besten Wege ist, die Marke mit x-beliebigen Modellen dem kurzfristigen Profit zu opfern. Die amerikanischen Marketingexperten Al Ries und Jack Trout sagen: »The easiest way to destroy a brand is to put its name on everything.« (Der einfachste Weg, eine Marke zu zerstören, ist, ihren Namen überall draufzuschreiben.)

ZUM MITNEHMEN

- Starke Marken müssen öfter Nein als Ja sagen.

- Wer jede Wachstumschance mitnimmt, wird gewöhn-lich. Das ist das Gegenteil von begehrlich.

- Ausschlaggebend für den Erfolg der Markendehnung ist nicht, was man kann, sondern das, was Kunden ei-nem zutrauen.

- Weg von Formeln, Strategien, Prozessen: Der wichtigs-te Faktor ist der gesunde Menschenverstand.

- Die große Kunst liegt im Spagat zwischen der Bewah-rung der Werte und der Offenheit für Veränderung: Wer nichts macht, macht nichts verkehrt – aber auch nichts richtig.

Geschichten:

Höhlenmalereien waren Social Media

Tolle Marken erzählen tolle Geschichten: Wer an Ikea denkt, denkt auch an den knotterigen Boss. Ingvar Kamprad, sagt man, fährt einen klapprigen Volvo und kauft im Schweizerischen Dörfchen Epalinges abends die billigen Brötchen. Schön schrullig und schön volksnah für einen, der geschätzte 25 Milliarden schwer ist; Währung egal. Ob die Geschichte wahr ist, ist nebensächlich. Es zählt, dass sie wahr sein könnte, und dass sie so gut zu Ikea passt. Geschichten sind elementare Bestandteile des menschlichen Erfahrungsschatzes. Wenn der Mensch sie hören und weitererzählen darf, ist er wohlig gestimmt, als Erwachsener genauso wie als Kind. Damit werden komplexe Zusammenhänge einfacher, man bringt sie in einen logischen und nachvollziehbaren Zusammenhang. Das tun sie besonders dann, wenn man sie erzählt wie in der *Sendung mit der Maus*; so kindlich naiv, im schönsten Sinne. Dann fördern und beeinflussen sie auch markenadäquates Verhalten: Das Unternehmen wird positiver gesehen genauso wie seine Produkte; Überzeugungen werden geschaffen und Kaufanreize gestärkt. Man nennt das Behavioral Branding.

Starke Marken leben von eingängigen Geschichten, die über sie verbreitet werden. Es gibt Schöpfer- und Schöpfungsgeschichten (von Reinhold Würth und seinen Schrauben oder vom Vorwerk-Thermomix), Geschichtswelten (die von den Cowboys bei Marlboro oder den freakigen Easy Rider bei Harley Davidson), Gründungsgeschichten (von Dietrich Mateschitz' Schlüsselbegegnung mit dem Urgetränk in Thailand als Grundstein des Red-Bull-Imperiums und von Verträgen auf Bierdeckeln, die Imperien begründen), Wiederauferstehungsgeschichten (von der überwundenen Krise oder der Abwehr der feindlichen Übernahme) und viele mehr. Sie übersetzen die Markenpersönlichkeit und machen sie besonders gut für alle Sinne erlebbar.

Das reicht nicht. Sie muss wahr sein, zumindest im Kern. Wahr ist, dass der Kamprad ein Sparbrötchen ist. Aber er kauft die Brötchen vermutlich selten selbst, schon gar nicht die von gestern. Wahr ist zudem, dass es bei Ikea keine Visitenkarten gibt, sondern Vordrucke, in die Mitarbeiter ihre Daten eintragen müssen. Sparsamkeit als oberste Prämisse.

Storytelling ist ein wunderbares Marketinginstrument, das der Marke Begehrlichkeit und Ausstrahlung verleiht. Es ist so zeitlos angesagt wie altbewährt. Harun-al-Raschid, der Kalif von Bagdad, wendet es schon im 8. Jahrhundert mit Wonne an: Nachts schleicht er sich, verkleidet als gemeiner Bürger, aus dem Palast und geht dahin, wo die Menschen sind. Er setzt sich zu ihnen und hört aufmerksam zu, wie sie aus ihrem Leben und über ihren Kalifen erzählen. Das sagt ihm viel Wahres, Ungefiltertes über die Stimmung im Land und das, was seine Untertanen bewegt; so genau, wie es die komplizierteste Meinungsforschung heute nicht kann. Er lernt daraus und nährt seinen Ruf als weiser Richter. Er findet so viel Freude daran, dass er sie sammelt und weitererzählt. Manchmal gibt er sich selbst eine tragende Rolle darin, und mit der Zeit entsteht die Sammlung der *Geschichten aus 1001 Nacht*, die auf ihrem Weg in die heutige Zeit mit allerlei Ausschmückungen veredelt werden. Im Grunde sind und bleiben sie wahr.

Geschichten prägen unsere Sozialisation. Wir lernen uns kennen über Geschichten, träumen in Geschichten, merken uns Zusammenhänge anhand von Geschichten. Nichts ist uns vertrauter und hat mehr Effekt.

Die Eiszeitmenschen waren lange vor Harun-al-Raschid so schön blumig und eingängig kreativ unterwegs. Man sagt, sie haben in ihren Felsbildern das Erlebte, ihre Träume und Wünsche verarbeitet. Sie dienten vermutlich auch als Symbolsprache, in denen Jagdtechniken bildhaft erklärt und die gejagten Tiere und ihre Wanderrouten plakativ erzählt wurden. Auch verewigten sich die Maler damit ganz im Sinne der heutigen Graffiti-Sprayer. Heute ist die Felswand im Internet und die schön erzählten persönlichen Begebenheiten, die Bilder im Kopf entstehen lassen, bekommen die meisten Likes. Bulletpoints beschreiben, das geht nur ins Gehirn; Stories erzählen, das geht ins Herz. Man fühlt förmlich, was sich da beim Lesen gerade zuträgt. Man hat den Duft von Gewürzen und Früchten auf dem Nachtmarkt in der Nase, wo der Kalif sich gerade unter sein Volk mischt. Wenn die Geschichte kernig erzählt ist, polarisiert sie auf konstruktive Art und gibt einer Marke ihre wichtigen Ecken und Kanten. Im Marketing sind gute Geschichten aus dem und über das Unternehmen unabdingbar; und zwar solche, die auf die Marke einzahlen, sie leben und erlebbar machen. Jedes Unternehmen hat sie zu bieten; es muss sie nur erzählen. Voraus-

Studien belegen: In Geschichten verpackte Informationen werden besser erinnert und lebendiger und authentischer wahrgenommen als reine Fakten.

setzung: Sie müssen wahr sein, damit sie glaubhaft sind und konstruktiv betroffen machen. Sie liegen überall auf dem Weg – in der Fabrikhalle, im Büro, bei Kunden, am Stammtisch, auf der Kirchweih … Sie sind bestes Futter für das Marketing. Die guten verselbstständigen sich, kursieren auch überall dort, wo die Leute, die sie erlebt und erzählt haben, gar nicht dabei sind.

Die beste Markenstory ist aufgebaut wie das klassische Drama: Es gibt den Protagonisten (den Hauptdarsteller), oft auch den Antagonisten (den Gegenspieler), dazu den Konflikt und die Suche nach einer Lösung. Schließlich kommt die Lösung, dann die Belohnung. So entsteht Spannung, bei Shakespeare genauso wie bei 3M: Ein jahrelang entwickelter Kleber für Papier klebt nicht richtig. Der Protagonist ist der Entwickler, die Antagonisten lachen ihn aus. Nach ständigen weiteren Versuchen findet der Protagonist die Lösung: Post-it. Der Kleber soll gar nicht fest kleben, sondern das Papier soll sich wieder ablösen lassen. Die Belohnung: der schlussendliche Riesenerfolg.

Man kann auch tolle Geschichten über tolle Marken erzählen: Die ausführliche samstägliche Deutsche Runde (Wagenwäsche, Getränkeshop, Supermarkt …) des Mannes geht nach dem Hornbach-Besuch weiter: In Sachen Supermarkt fährt er zur »Einkaufsgenossenschaft der Kolonialwarenhändler im Halleschen Torbezirk zu Berlin«, also zur E. d. K., sprich Edeka. Da lieben sie nämlich Lebensmittel, und das tut er auch. Wenn es allerdings, auch mit Umweg, ums Verrecken keinen Edeka gibt, geht er in seiner Not auch mal zu Rewe. Die machen inzwischen auch einen recht ordentlichen Job und sie haben den doofen Anti-Slogan »Jeden Tag ein bisschen besser« (Okay, sagt mir Bescheid, wenn ihr gut seid, dann kauf ich auch mal bei euch!) inzwischen entschlimmt: »Besser leben.« In der Supermarktbranche tut sich einiges. Die Leute von Tengelmann müssen aufpassen, dass sie nicht bald schleckern, so eng und dunkel ist es in ihren Ladenlokalen. Da bleibt man mit dem Wägelchen an den Mildessa-Dosen mit dem Sauerkraut von Hengstenberg hängen, wenn man ums Eck zum Toilettenpapier von Tempo will. Und die Umweltschutzschildkröte und der Umweltschutzfrosch, die auf den Stoffbeuteln miteinander knutschen, sind auch so yesterday. Unser Mann will doch begeistert, angeregt, erobert werden, wo er schon den ganzen Wochenendbedarf mitbringen muss, weil er nach dem Frühstück gleich losziehen wollte zu Hornbach!

Er shoppt die Bruzzzler für heute Abend, die Grillwürstchen mit dem genialen Namen von Wiesenhof: »Deutsche Qualität aus Geflügel, Pute oder Truthahn zum Grillen und fürs BBQ. Als Minis, extra würzig, mit Schottenpfeffer oder original.« Klingt 1 a auf der Website, ist aber schlimm, wenn man die Backstage-Reportagen über Wiesenhof im Qualitätsfernsehen schaut. »Wieso?«, fragen die Bruzzzler-Freunde. »Da steht doch unser Titan davor und dahinter!« Oliver Kahn besorgt die Werbung (»Mann, is' das 'ne Wurst!«), sogar mit Originalunterschrift. Und vorher war Dieter Bohlen dran (»Jetzt grill ich!«). Diese beiden extremen Sympathieträger, extrem starke menschliche Marken, haben aus einem echten Low-Interest-Produkt (eine Wurst ist eine Wurst ist eine Wurst, und die kam sonst immer vom Metzger) ein echtes High-Impact-Impulsprodukt im Kühlregal gemacht. Damit darf unser Mann heimkommen, das finden die Kegelbrüder toll, wenn sie nach der Sportschau zum Brutzeln kommen. Olli und Dieter sind schließlich auch toll, und dann betten sie die Bratwurst aus Geflügel (noch nicht mal aus Schwein – wenn sie das wüssten!) liebevoll auf den Weber-Premiumgrill. Der gibt, wie jede starke Marke, auch Orientierung, unter all den anderen Grills bei Hornbach im Regal. Er gibt auch die Sicherheit, sich im Rahmen dieses schönsten Hobbys für ein Qualitätsgerät entschieden zu haben. Und man hat damit auch die Sicherheit, sich vor den anderen Männern nicht zu blamieren: Mann, is' das 'n Grill! Fehlt noch der Sprit.

Veltins darf es sein oder auch Bitburger oder König Pilsener. Oder Krombacher, diese »Perle der Natur«, wo die Kamera seit 100 Jahren in der Abendsonne über den Edersee fliegt, und im Wasser ist eine klitzekleine Insel, und da steht ein großer, schöner Baum drauf. Das sind alles Marken, die ganz viel Werbung im Fernsehen machen; deshalb heißen sie bei den Mar-

Wenn das die stärkste Geschichte ist, die dir zu Tengelmann einfällt, fällt auch den Treueherzensammlern keine bessere ein. Schade!

Das sind genau die Buzzwords, die Markenleuten den ganz besonderen Ruf verpassen. Wie wäre es alternativ mit »Verkaufsschlager«?

> *Wer es heute schafft, so eine kraftvolle Story mit so wenig dahinter zu etablieren, wird das neue Red Bull.*

kenleuten »Fernsehbiere«. Die Firmen stecken sehr viel Geld in die Markenpflege. So sorgen sie dafür, dass sich der Mann, der von den Mittrinkern mit der Bierbesorgung beauftragt wird, nicht mit einer Schachtel Oettinger für zwischen vier und sieben Euro an den Biertisch traut. Dabei ist Oettinger auch nach dem Deutschen Reinheitsgebot gebraut, nämlich aus Hopfen, Malz, Hefe und Wasser. (Okay, ein paar chemische Hilfsstoffe sind heutzutage doch noch zugelassen: Man hat das Gebot von 1516 etwas aufgeweicht, zu einer der größten PR-Lugen in der Lebensmittelbranche. Wenn zum Beispiel Zuckercouleur beigemischt ist, trinkt das Auge lieber mit.) Und es ist das meistgetrunkene Bier in Deutschland, nur kein Bier aus dem Fernsehen. Man genießt es lieber vor dem Fernseher, alleine, wenn RTL 2 läuft. Oder in der Runde zu späterer Stunde: Wenn die ersten Kisten Fernsehbier geleert und alle schon hacke sind, holt der Hausherr das Oettinger aus der Garage. Für den Preis von einer Schachtel Marke Krombacher kriegt man zwei Marke Oettinger.

Weg von den nackten austauschbaren Fakten, hin zur gefühligen Story: 3M sagt von sich, das Unternehmen sei von Innovationen geprägt und jeder Angestellte könne innovativ sein. Der besonders innovative Mitarbeiter entdeckt das Potenzial seines nicht trocknenden Klebstoffs und damit von Post-it, als ihm in der Kirche immer wieder die kleinen Merkzettel aus dem Gesangsbuch fallen. Sie sollen zwar halten, aber nicht fest mit dem Papier verkleben. Der Anspruch von Gottlieb Duttweiler, dem Gründer der Schweizer Migros, ist es, eine Brücke vom Produzenten zum Konsumenten zu schlagen, Qualitätsprodukte zu guten Preisen anzubieten, mutig zu handeln und Neues zu schaffen und sich mit Leidenschaft für die Lebensqualität seiner Kunden einzusetzen. Die Story dazu: Schon 1925 kauft er mit größerem finanziellen Risiko sechs Ford-T-Lastwagen, mit denen er die Ware zu den weiter entfernten Kunden bringt und sie auch ihnen 40 Prozent günstiger als die Konkurrenz verkaufen kann. Steiff sagt, man produziere kindgerechtes Spielzeug von höchster Qualität und bester Verarbeitung und glaube an die Qualität und den Erfolg seiner Produkte. Die Story dazu: 1902

> *Geschichten haben Macht: clever, wer zuhört; cleverer, wer sie erzählt; am cleversten, wer sie schreibt.*

erfindet Richard Steiff einen beweglichen Bären aus Plüsch. Die Produktion ist mit großen finanziellen Risiken verbunden. Der Bär wird auf einer Messe vorgestellt und erst in letzter Minute bestellt ein amerikanischer Händler 3.000 Exemplare. Der Teddy-Bär (der Legende nach benannt nach dem amerikanischen Präsidenten Theodore »Teddy« Roosevelt) ist geboren, und das Unternehmen beginnt zu florieren.

Das Produkt: glibberiger, stinkender Fisch. Die Story: Aale-Dieter, auf dem Hamburger Fischmarkt seit mehr als 50 Jahren, jeden Sonntag ab 6 Uhr, im Sommer ab 5 Uhr, bei jedem Wetter, eingetragene Marke, Markenzeichen blaues Fischerhemd und rote Hosenträger, 40.000 Treffer bei Google, nie ein Verkaufstraining besucht und laut *Manager Magazin* unter den zehn besten Verkäufern Deutschlands. Kein Württemberger Landfrauenverein auf Großstadtbesuch, der sonntags am frühen Morgen nicht ausrückt in die Große Elbstraße. Was man daheim auf dem Land hört, klingt einfach zu schön! Dabei hat der Aale-Dieter, genau wie der Wurst-Achim rechts und der Bananen-Fred links von ihm, nie in Marke gedacht, sondern bloß intuitiv auf Marke gemacht; und das so glaubwürdig wie stringent wie erfolgreich. Er macht niemals eine Filiale auf dem Viktualienmarkt auf, geht nicht ins Franchise, nicht auf Auslandsmärkte und erweitert nicht die Kernkompetenz um Ananas, Yucca-Palme und Waffelbruch. Sowas gibt es höchstens mal als Zugabe, wenn der Dieter besonders gut drauf ist oder kurz vor Schluss alles raus muss, aber niemals ohne Aal. Feilschen tut bei ihm auch keiner ernsthaft.

> *Hier passt wirklich alles zusammen: der laute Markt, der Mann aus dem Volk fürs Volk, der müde Dieter, der schreiende Dieter. So einfach – und einfach schön.*

Langjährige Stammkunden kommen auf einmal ohne ihren Hund ins Sofitel Munich Bayerpost. Er ist verstorben. Das Personal bekundet sein Beileid. Während einem der nächsten Besuche erzählt das Ehepaar, dass es in die Schweiz zurückfährt, um einen neuen Hund auszusuchen. Von dort schicken sie eine Mail: der Neue heißt Josef. Die Assistentin des Chefs liest die Mail, geht in die Tierhandlung und erwirbt einen schönen Teppich. Sie lässt ihn mit »Josef« besticken, und als die Stammgäste wieder zu dritt kommen, liegt der Teppich im Zimmer. Bei der

Abreise nehmen sie ihn mit, und daheim posten sie ihr Erlebnis hocherfreut auf Facebook. Das ist eine Story, wie der General Manager Robert-Jan Woltering sie liebt. In seinem Haus wird solches Weitererzählfutter bewusst kreiert, und er fördert im Rahmen des Programms »Service from the heart« das eigenverantwortliche Tun seines Teams: »Alles, was du tun kannst, um das Leben des Gastes besser und schöner zu machen – tu es!«

Gerade Hotels brauchen Stoff für ihre ganz eigene Geschichte. Damit sie sich besser abheben von den anderen und nicht wegen eines Schnäppchenpreises, sondern wegen ihrer Einzigartigkeit und ihrer Anziehungskraft regulär gebucht werden. Im Bremer Parkhotel servierte man vor der Insolvenz sechs handgemachte Pralinen zur Tasse Nachmittagskaffee. Das erzählt man sich zwar weiter – aber betriebswirtschaftlich geht es nicht lange gut. Besser, ein Fünf-Sterne-Haus überlegt sich, wie es Geschichten schreiben kann, mit denen es sich abhebt und gut verdient. Ein probater Ansatzpunkt ist echtes und glaubhaftes, nachhaltiges Management. Der Aufkleber »Können Sie sich vorstellen, wie viele Tonnen Handtücher jeden Tag in allen Hotels der Welt unnötig gewaschen werden?« im Bad reicht nämlich nicht nur nicht mehr; es ist sogar schädlich, wenn trotzdem jeden Morgen alle Handtücher – auch die, die nicht auf dem Boden liegen – ausgetauscht werden. Da erzählt man sich nichts Gutes. Wenn sich ein Haus dagegen nachhaltig positioniert und das konsequent lebt, hat es nicht nur großes Unterscheidungs-, sondern auch großes Geschichtenerzählpotenzial.

Die Beratungsgesellschaft Considerate Hoteliers hat sich darauf spezialisiert, diese Geschichten glaubwürdig zu gestalten. »Die Minibar erzählt die Nachhaltigkeitsgeschichte des Hotels«, sagt die Inhaberin Xenia Hohenlohe. »Glaubwürdig sind lokale Säfte und Nüsse, nicht Granini und Ültje.« Sie erzählt vom Mövenpick Hotel in Akaba, Jordanien: »Da liegt das anerkannte Green Key Certificate im Zimmer aus und der Hinweis, dass man die Bettwäsche nicht jeden Tag wechselt. Und jeden Morgen steht das Zimmermädchen mit der frischen Wäsche vor der Tür.« Das

> *Protagonist: Ehepaar mit Hund; Antagonist: die Mitarbeiter von Sofitel. Konflikt: Der Hund ist tot. Wie damit umgehen? Lösung: der Teppich, um den Neuanfang zu signalisieren. Belohnung: Josef ist jetzt Stammkunde.*

> *Wie auf der Titanic, das Orchester spielt bis zum Schluss. Bringt es das Bremer Parkhotel mit den Pralinen auch bis nach Hollywood?*

ist der Storytelling-GAU. Viel besser und eindeutig image- und geschäftsfördernd ist es, wenn man auf der Menükarte den nachhaltig gefischten Lachs und die Milch vom lokalen Bauern erklärt, wenn es pflanzliches Shampoo von Ren oder von Susanne Kaufmann gibt und vor allen Dingen ein interessiertes, trainiertes Team, das nachhaltiges Verhalten vorlebt und erlebbar macht. Das Brenners Park-Hotel in Baden-Baden ist schon dabei, und so ist es auf einmal kein alter Kasten mehr, sondern ein schönes altes Hotel, das neu denkt. Da fahren wir hin!

Geschichten erzählen macht viel Spaß, Stoff für Geschichten geben noch viel mehr. Ein Produkt aus Metall, Kabeln und Plastik wird in der Wahrnehmung süß, weich und ganz besonders angenehm, wenn man um die Ecke denkt und handelt: Den Ladesäulen für Elektroautos legen die Monteure beim Hersteller Mennekes im Sauerland nicht nur die daumendicke Betriebsanleitung, sondern auch eine dicke Tüte Haribo bei. Da freut sich derjenige, der die Säule aufstellen darf, noch mehr als sowieso schon. Kostenpunkt: 1,79 Euro bei Aldi in Kirchhundem. Effekt: unbezahlbar.

Die runde Geschichte macht die Marke und die Marge. Und: Große erzählerische Ideen sind oftmals besser als große Budgets.

> *Schlimmeres erzählt man sich vom Le Méridien Hotel in Wien: Da gibt es fünf Euro Rabatt, wenn man darauf verzichtet, dass die Betten gemacht werden.*

ZUM MITNEHMEN

- Geschichten gehören zum Leben wie die Luft zum Atmen. Sie liegen auf der Straße und warten nur darauf, erzählt zu werden.

- Sie werden besser erinnert und lassen sich leichter weitererzählen als Informationen, die über Bulletpoints vermittelt werden.

- Spannende Geschichten haben einen dramaturgischen Aufbau: Protagonist/Antagonist, Konflikt, Lösungssuche und Lösung, Belohnung und Moral.

- Jede Marke hat ihre Story.

- Markengeschichten müssen echt und spannend sein, sowohl was die vorkommenden Charaktere als auch was das Setting und die Sprache angeht.

- Je bildhafter die Sprache, desto stärker der Effekt der Geschichte.

Leben: Wollen, Wissen, Wirken

 **Botschafter:**

Adidas-Verkäufer in Pumaletten gehen gar nicht

Stockholm Airport, Europcar-Station: Die Kinder sind fit, die Mutti sieht gut aus, der Vati ist am Limit. Und das gerade einmal vier Stunden nach dem Verlassen der gewohnten Büroumgebung. Willkommen im Familienurlaub! Im SAS-Flieger war nicht einmal das Wasser umsonst, und jetzt von naturblonden, abbaesken Schwedinnen keine Spur. Wenigstens hält Europcar, was die Werbung verspricht: grüner Empfangstresen, polierte Cabrios im Eingangsbereich, die begehrten Autoschlüssel am beleuchteten Schlüsselbrett. Und überall der Schriftzug »Happy to Help« (Hocherfreut, Ihnen helfen zu dürfen). Vatis Vorfreude auf das Auto steigt. Und bei den sperrigen Kindersitzen mit den Micky-Maus-Ohren, in denen Kinder gefühlt bis zum Abitur sitzen müssen, hilft Europcar auch: Das Zusatzsitzmaterial wird bei der Online-Buchung gut sichtbar angeboten und noch sichtbarer abgerechnet.

Der Passat Kombi steht auf Parkdeck 4, eingekeilt von zwei Geländewagen. Davor der stramme Blonde aus der Vorstadt mit dem breiten Grinsen und dem grünem Hemd, das stolze »Happy to Help« quer über der Brust. Wo sind die Kindersitze? »Die müssen Sie selbst holen, aus dem Kämmerchen da hinten, gleich im Regal rechts hinter der Tür.« Immerhin macht er das Licht an. Vati schleppt und grummelt, und die größte Herausforderung steht noch bevor: der fachgerechte Einbau. Im Gegensatz zu dem brandneuen Wagen haben die Sitze die Jahrtausendwende erlebt. Immerhin Römer, aber ohne Isofix, die geniale Schnellbefestigungsvorrichtung. Die rückwärtige Installationsanleitung ist längst abgescheuert. Der Happy Helper macht keine Anstalten, die Verschränkung seiner Arme zu lösen. »Leider darf ich Ihnen aus Versicherungsgründen nicht helfen.« Anders gesagt: »Sobald ich den Sitz anfasse, muss Europcar haften, wenn was passiert. Außerdem hab ich Rücken, deshalb machen Sie das mit den schweren Dingern bitte selbst.«

Immer noch besser als »We try harder«, 50 Jahre lang der Slogan von Avis. Noch kleiner gedacht geht's nicht. Aber jetzt kommt's: Der neue von Avis heißt »It's your Space«. Mitleid ist auch eine Form der Kundenbindung.

Abgesehen von dem modernen Autoverleiher bleiben die antiken Kindersitze in Erinnerung, nicht der nagelneue Passat.

Noch mehr Markendesaster in noch weniger Zeit geht nicht. In Minutenbruchteilen löst sich das Millionenbudget für Markenaufbau und -kommunikation in verbranntem Diesel auf. Das Versprechen »Happy to Help« wird zum eingelösten »Happy to Ignore«. Der frustrierte Vater wird das Erlebte am großen Stammtisch bei Facebook zum Besten geben. Marke ist, was man hinter dem kaputten Rücken des blonden Adonis über seinen Arbeitgeber erzählt. Solche Erlebnisse haben Kunden ständig: Versprechen, die gebrochen werden; Mitarbeiter, die zur Kundenvergraulung statt zu deren Gewinnung beitragen; frustrierte Kunden, die eine Marke in ihrem persönlichen Umfeld schlechtreden. Tausendfach erlebt beim insolventen Baumarktriesen Praktiker: Das Markenversprechen »Geht nicht, gibt's nicht« hat man zwar wahrgenommen und erinnert, allerdings nur in seinen Teilen »geht nicht« und »gibt's nicht«. Ebenfalls ein Klassiker: Der Anruf bei American Express, um zu melden, dass die Kreditkarte gestohlen wurde und gesperrt werden muss. »Kein Problem. Dazu brauche ich die 16-stellige Nummer auf der Vorderseite und die Sicherheitsnummer.« Wenn man die nicht hat, tun es auch die BIC und die IBAN des hinterlegten Kontos. So löst die fröhlich plappernde Dame bei Amex ihren schwersten Fall – wenn man die paar Daten parat hat. »Wir machen das Leben unserer Kunden jeden Tag einfacher, sicherer und lohnenswerter«, verspricht American Express auf der Website.

> *Wann fangen die damit an?*

Wer ist schuld an diesen Markendebakeln? Der smarte Lächler an der Kundenfront? Sein Chef? Dessen Chef? Die Strukturen? Vermutlich Dritte, ganz nach dem Motto: »Wir können nichts dafür, das waren die vom Callcenter!« Für den Kunden schuld ist immer das Unternehmen, bei dem er gekauft hat. Eine industrieübergreifende Studie der englischen Beratungsgesellschaft Ipsos Mori zeigt, dass sechs der zehn wichtigsten Treiber von Kundenloyalität auf zwischenmenschlichem Verhalten beruhen: Kunden kaufen eine Marke nur wieder und empfehlen sie weiter, wenn sie sich angemessen behandelt fühlen, der Aftersales-Service und das Beschwerdemanagement stimmen, der Mitarbeiter durch Produktwissen und sinnvolle Empfehlungen überzeugt und er Wissen über die Markenreputation sowie spürbaren Enthusiasmus mitbringt. Im persönlichen Kontakt liegt das Differenzierungspotenzial. Erfolg bringt er aber nur, wenn die Unternehmen akzeptieren, dass der Kunde bestimmt, welche Markenkontakte für ihn relevant und kaufentscheidend sind. Dem Fluggast, der den nagelneuen Louis-Vuitton-Koffer zerbeult vom Band gezogen hat, ist es egal, ob der Flughafenbetreiber, der Zoll oder ein Mitreisender schuld ist. Er hat den Vertrag mit der Fluggesellschaft. Von der will er jetzt Genugtuung, und die Performance des Mitarbeiters an diesem einzigen Markenkontakt im Moment der Beschwerde entscheidet über seine zukünftige Meinung.

Toll, dass Ihr Wissenschaftler sechs Punkte braucht, um das wortreich klarzumachen. Ich brauche sechs Worte. Premiummarke braucht Premiumservice ergibt Premiumgefühl. Punkt.

Erfolgskritisch sind Wissen und Commitment: Der Mitarbeiter muss das Markenversprechen kennen und wissen, wo und wie es erlebbar werden sollte (Markenwissen). Zudem muss er die Bereitschaft und die Verpflichtung dafür mitbringen, sich für die Marke, die er vertritt, und den Kunden einzusetzen (Marken-Commitment). Beides zusammen ist die Voraussetzung dafür, dass er sich die Fähigkeiten aneignen kann und wird, die nötig sind, um das Markenversprechen tagtäglich einzulösen (Markenfähigkeiten und -verhalten).

Studien des Center for Customer Insight an der Universität St. Gallen zeigen, dass unabhängig von der Branche nur 30 Prozent bis 40 Prozent aller Mitarbeiter sowohl hohes Wissen von der Marke als auch eine besondere Verpflichtung ihr gegenüber haben. Diese »Stars« haben eine hohe Bereitschaft, sich im Sinne der Marke zu verhalten und die dazu notwendigen Fähigkeiten aufzubauen. Fast genauso viele Mitarbeiter (25 Prozent bis 40 Prozent) gehören zur Gruppe der »Weak Links« (Schwachstellen). Sie sind weder wissend noch committed. Sie sind emigriert nach innen und werden auch als »Unternehmensbewohner« bezeichnet. Deutlich bedrohlicher sind die unberechenbaren »Loose Canons« (10 Prozent bis 15 Prozent). Sie können viel, wissen aber nichts damit anzufangen. Es gilt, sie mit Wissen aufzuladen und ihrem Tun eine klare Richtung zu geben. Die vierte Gruppe bilden die zuschauenden »Bystanders« (10 Prozent bis

Eine Marke muss richten, was viele verbocken. Hier muss das System oder die Lösung gebrandet sein und nicht das einzelne Glied in der Erlebniskette.

15 Prozent). Sie wissen, was zu tun ist, tun es aber bewusst nicht. Sie haben innerlich gekündigt und sind enttäuscht von ihrer Marke; sie fühlen sich nicht wertgeschätzt und arbeiten deshalb gegen sie. Das ist besonders dramatisch, wenn es sich bei ihnen um Mitarbeiter mit Kundenkontakt handelt. Ignoriert der Leiter eines Supermarkts morgens die Regalauffüller und Reinigungskräfte, während er die Vollzeitkollegen grüßt und beim Namen nennt, stellen sich die Ignorierten mit der Zeit bewusst gegen die Marke. Dann liegt die faule Avocado im Frischeregal zwischen welken Salatköpfen; Fäulnisgestank statt Frischeduft, der den Umsatz pro Kunde, den sogenannten Durchschnitts-Bon, reduziert.

> *Mach's mal griffig: Das ganze Ding dient der Priorisierung. Die Regel lautet: Lass die Stars machen und die Weak Links links liegen. Und kümmere dich um die übermotivierten Loose Canons und die kontraproduktiven Bystanders.*

Nur weil ein Slogan überall steht, hat der Mitarbeiter ihn noch lange nicht verstanden. Was heißt »Happy to Help«? Kann der Mann gut Englisch? Steht es für die aktive Hilfe oder eher für die Hilfe zur Selbsthilfe? Beim Erdbeeren-Selberpflücken reichen die Mitarbeiter auch nur das Körbchen und der Kunde pflückt selbst und zahlt für die gebückte Ehre. Studien belegen, dass es in vielen Unternehmen bereits am Basiswissen über die Marke fehlt. Seltener, weil sich die Mitarbeiter nicht mit dem Thema Marke auseinandersetzen wollen; häufiger, weil sie keinen Zugriff auf entsprechende Informationen haben oder weil diese derart aufbereitet sind, dass sie nicht dem Informationsverhalten der Mitarbeiter entsprechen. Jüngere Mitarbeiter sind dank Twitter und SMS häufig gar nicht mehr in der Lage dazu, Konstruktionen aus Haupt- und Nebensatz und mit mehr als 140 Zeichen zu verarbeiten.

> *Was intern gilt, gilt auch extern: Weshalb schreiben immer noch so viele Unternehmen ihre Markenpersönlichkeit auf die Website, statt sie uns vorzuleben?*

Ein Buch, das die Markenpersönlichkeit lang und breit erklärt, landet bei dieser Zielgruppe im Abfall. Das gleiche Schicksal widerfährt dem Werk bei den Kollegen vom Vertrieb: Sie verbringen die meiste Zeit im Auto und lesen so etwas weder im Stau noch auf dem Lomo-Autohof beim Schnitzel à la Meyer noch vor dem Einschlafen bei Etap. Stattdessen wollen sie, wenn sie sich schon für etwas begeistern sollen, wenigstens in ihrer Welt mit ihren Bedürfnissen abgeholt werden. Gibt es das Buch gut gesprochen und mit vielen plastischen Beispielen zum Hören während der Fahrt, bestehen gute Chancen für Verinnerlichung und Mitmachen. Auch das Intranet wird noch zu wenig oder falsch zur Aktivierung genutzt. Bei Schlecker hatten viele Filialen kein Telefon, geschweige denn Intranet. Wer möchte, dass jeder Mitarbeiter weiß, wofür seine Marke steht, muss die nötigen Informationen aber derart bereitstellen, dass sie zugänglich und verständlich sind.

Das faktische Markenwissen ist nur die Spitze des Eisbergs. Wichtiger als das Wissen über die Markenwerte (inhaltliches Wissen) ist, dass Mitarbeiter die Markenwerte verstehen und jobspezifisch interpretieren können (Handlungswissen). Was bedeutet der Markenkern »Freude« von BMW für den Kfz-Mechaniker? »Blinker links und Fuß aufs Gas – ist klar!« Ähnlich interpretiert er den jüngst eingeführten Markenwert »Ästhetik«: Während BMW ihn im Sinne des optimalen Zusammenspiels von Formen, Materialien, Farben und Linien diskutiert, findet er seinen Ausdruck beim Autoschrauber ganz anders: tiefergelegter Dreier, Baujahr 1998, Vierfachauspuff und extrabreite Pirellis – einfach schön, fast schön ästhetisch. Deckt sich diese Interpretation nicht mit dem Verständnis der BMW-Zentrale, ist es deren Aufgabe, den Missstand zu beheben, und zwar aus der Sicht des Schraubers. Wer möchte, dass seine Mitarbeiter Markenbotschafter sind, muss ihre Lebens- und Arbeitswelt verstehen und berücksichtigen. Die wenigsten Mechaniker können sich einen aktuellen BMW leisten. Zudem ist es zentraler Bestandteil ihres Berufs, sich für Drehmoment und Karosserieversteifung zu begeistern. Freude entsteht für sie beim schnellen Fahren, während der 70-jährige Siebener-Fahrer sie durch die Sitzheizung und die eingebaute Lordosenstütze für den Rücken erfährt. Das sind zwei völlig unterschiedliche Lebens- und Erlebenswelten. Erst die richtigen Personalentwicklungsinstrumente schärfen das übergreifende Verständnis der Mitarbeiter.

BMW tut etwas dafür mit dem Markenspiel »CSI Munich«: Autohaus-Mitarbeiter werden zu Profilern, die Kundenfahrzeuge auf Spuren untersuchen müssen, um Hinweise auf die Interessen und Hintergründe der Besitzer zu finden. Der Gehstock im Kofferraum, Krümel auf dem Rücksitz oder der Playboy unterm

Intranet wird völlig überschätzt. Das viele Geld dafür ist im echten Umgang mit dem Menschen viel besser investiert.

In der Werkstatt sind erst einmal die anderen Markenwerte, »Innovation« und »Dynamik«, gefragt. Ästhetik ist hier zweitrangig – irgendwann ist ja auch mal gut mit Marke.

Beifahrersitz lassen Rückschlüsse auf Alter, Interessen und familiäres Umfeld des Kunden zu. Die Warnweste im Kofferraum dokumentiert sein Interesse am Aspekt Sicherheit. Diese Auseinandersetzung mit dem Kunden ermöglicht ein besseres Verständnis des Kunden und daraus resultierend das effektivere Zuspitzen der Markenwerte auf seine Erwartungen. Und das nicht mit drögen Schulungen, sondern im coolen CSI-Kontext, der die Mitarbeiter fordert und Spaß macht. Beim Transfer der Markenwerte in den Jobkontext muss auch auf Sprache und Sprachverständnis geachtet werden: Europcar arbeitet mit der Botschaft »Moving your Way.« Mitarbeiter und Kunden können sie im Sinne eines »Wir agieren in Ihrem Sinne«, eines »Wir gestalten Ihren Weg« oder eines »Hau ab auf deine Art und Weise!« interpretieren. Google Translate weiß auch etwas: »Bewegen Sie Ihren Weg.«

> *Das ist doch mal was: Profilierer lernen Profilierung von den Profilern. Schön stimmig und erlebnisstark!*

Das Herz kommt immer zuerst: Der Bohrmaschinenhersteller Hilti ist eine der stärksten Business-to-Business-Marken im deutschsprachigen Raum. Hier werden alle Mitarbeiter regelmäßig auf einer sinnbildlichen Reise durch die Markenkultur über Markenvision, -mission und -positionierung informiert und daran gemessen, ob sie die Ziele mit umsetzen. Wer das nicht ausreichend tut, muss mit Konsequenzen rechnen – bis hin zur Kündigung. So weit kommt es jedoch selten, weil die Mitarbeiter sich in der Regel entweder voll und ganz zu Hilti bekennen oder aber von sich aus gehen. »Love it or leave it« ist das einfache Erfolgskonzept. Lufthansa hat ebenfalls eine stark ausgeprägte Markenkultur, die auf soliden Werten und Zwischenmenschlichkeit beruht. Auch deshalb gibt es kaum Lufthanseaten, die freiwillig zu Ryanair wechseln. Zwischen den Großbanken UBS und Credit Suisse und den Internetriesen Google und Yahoo wechseln allerdings viele Mitarbeiter hin und her. Braucht es überhaupt eine Bindung zwischen Marke und Mitarbeiter? Und wie kann man sie messen?

> *Hilti ist ein Familienunternehmen. Das macht vieles einfacher (wenn die versammelte Familie will).*

Die Bindung braucht es unbedingt: Mitarbeiter mit hoher Markenbindung sind nicht nur motivierter, sie sind auch Ansprechpartner für Kunden, die es zu halten gilt. Wechselt ein Außendienstmitarbeiter von Siemens zu ABB, verliert Siemens unter Umständen zudem ein millionenschweres Kundenportfolio. Das Ziel der starken Mitarbeiter-Marken-Bindung hat auch deshalb wenig mit romantischer Verklärung zu tun. Sie dient vor allem der langfristigen Ressourcenbindung und der Erfolgssicherung. Je emotionaler die Bindung des Mitarbeiters, desto geringer ist seine Wechselneigung. Auch fällt gut gebundenen Mitarbeitern eine wichtige Rolle bei der Gewinnung neuer Kollegen zu: Wer begeistertes Personal hat, hat ein inspirierendes Arbeitsumfeld und braucht sich um den Nachwuchs nicht zu sorgen. Zudem sind häufig sie es, die mit ihren Kommentaren auf Arbeitgeber-Bewertungsplattformen wie Kununu.com Interessenten maßgeblich dazu bewegen, sich für oder gegen eine Marke zu entscheiden.

> *Voten da nicht eher gekaufte Agenturen? Nichts ist mehr sicher …*

Geringe Fluktuation und rückläufige Krankheitstage sind keine zuverlässigen Indikatoren für die Markenbindung der Mitarbeiter. Sie können zwar durchaus Folge davon sein, allerdings auch die Auswirkung rationaler Kosten-Nutzen-Überlegungen: Die Arbeit, die zur Zufriedenheit aller und mit möglichst wenig Fehlzeiten verrichtet wird, hält ein Berufsleben lang. So denkt und handelt der Pragmatiker. Eine schon etwas engere Bindung an ihr Unternehmen haben Mitarbeiter, die sich ihm aufgrund sozialer Normen und Rahmenbedingungen angeschlossen haben: »Mein Opa war schon bei der Bahn, mein Papa auch, mein Onkel auch – deshalb bin ich jetzt auch hier.« Häufig wohnen sie im höheren Alter noch zu Hause bei den Eltern. Ihr sogenanntes normatives Commitment ist stark, weil es im Sozialsystem des Menschen begründet liegt. Für die höchste Form der Markenbindung steht das sogenannte affektive Commitment. Es ist hochemotional: Mitarbeiter dieses Bindungstyps arbeiten freiwillig, aus innerer Überzeugung, mit größter Motivation und vor allem gern für eine Marke. »Marke ist gleichzusetzen mit Sinnstiftung«, ist Stefan Laufer, langjähriger Personalvorstand des Lufthansa-Konzerns, überzeugt. »Wir verbringen 80 Prozent unserer Wachlebenszeit mit Arbeiten. Da muss es um mehr gehen als ums Geldverdienen. Nur mit Geld lassen sich außergewöhnliche Leistungen und lebenslange Motivation nicht erklären.« Starke Marken müssen Mitarbeitern über die unterneh-

> *These: Die normativ Gebundenen sind noch ärmer dran als die Pragmatiker: Sie müssen es nicht nur der Firma, sondern auch der Mama recht machen.*

merische Vision hinaus auch eine Orientierung für ihr eigenes Leben geben. Stewardess bei der Lufthansa zu sein bedeutet nicht, Essen und Getränke zu bringen, sondern einen Beitrag zum Austausch zwischen Ländern und Kulturen zu leisten.

Die Arbeiter in den Steinbrüchen von Holcim, nach dem Merger mit Lafarge der größte Zementhersteller der Welt, fühlen sich nicht als Steinhauer, sondern als Erbauer von Brücken und Wolkenkratzern. Die Wertschätzung des Einzelnen, die zu dieser Einstellung führt, schafft Selbstbewusstsein, Stolz und Bindung. Messen lässt sich affektives Commitment am einfachsten, indem man seine Mitarbeiter fragt, ob sie die eigene Marke ihren besten Freunden empfehlen würden. Ist die Antwort »Nein!«, ist wenigstens klar, was zu tun ist.

Empathie kann man lernen: »Entschuldigen Sie bitte …« Die Flugbegleiterin schüttelt den Passagier sanft am Arm, bis er aufwacht. »Ich habe auf der Anzeige gesehen, dass Sie schlafen möchten. Darf ich Ihnen ein Kissen bringen?« Der Passagier, der eben noch zwischen Chicken und Beef wählen musste, hat jetzt folgende Alternativen: 1. »Das ist aber nett.«; 2. »Gehen Sie mir aus der Sonne oder ich mach das Fenster auf!«; 3. »Stellen Sie mir bitte eine Internetverbindung her, damit ich meinen Followern von Ihrer Serviceoffensive live berichten kann.« Von einer Premium-Fluggesellschaft erwartet man höchsten Komfort. Deshalb ist es Teil des Premium-Flugbegleiter-Pflichtenhefts, schlafbedürftige Passagiere mit Kissen und Decken auszustatten. Eine solche rein funktionale Anweisung ist leicht erlernbar und das entsprechende Verhalten für den Vorgesetzten leicht nachprüfbar. Allerdings hat sie mit wahrer Leidenschaft und mit dem wahren Auftritt einer Fluggesellschaft, die sich um den Fluggast wirklich bemüht, nichts zu tun.

Premiummarken müssen sich von Discountmarken beim individuellen Service unterscheiden. Es reicht nicht, dass die Mitarbeiter die funktionale Fähigkeit haben, Kissen und Decken aus dem Gepäckfach zu nehmen und dem Passagier zu reichen, sondern sie müssen auch die sozio-emotionale Fähigkeit haben,

> *Dann muss man was draus machen, damit sie das nächste Mal »Ja!« sagen. Aber das macht Arbeit und kostet Geld – und unterbleibt deshalb gern.*

> *Das passiert, wenn Technokraten Markenrichtlinien entwickeln: Wo Maßnahmen zuerst auf ihre Messbarkeit und erst dann auf Sinnhaftigkeit geprüft werden, hat das differenzierende Markenerlebnis keine Chance.*

den richtigen Zeitpunkt für das Ausführen dieses Prozesses zu erkennen. Erlernen lässt sich empathisches Verhalten am besten, wenn man sie in der Ausbildung mit realistischen Szenarien konfrontiert und mit ihnen »on the job« Verhaltenslösungen erarbeitet. Wirklichkeit wird es erst, wenn sie die funktionalen Bestandteile ihres Jobs so gut beherrschen, dass sie darüber hinaus Zeit und Muße für Empathie finden: Die Kassiererin bei Rewe kann das Markenversprechen »Besser leben« nur mit einem freundlichen Lächeln oder einem netten Kommentar zum Ausdruck bringen, wenn sie den funktionalen Inkassoprozess routiniert beherrscht und dabei technisch bestmöglich unterstützt wird. Nimmt aber das Kassieren an sich schon alle Zeit und Aufmerksamkeit in Anspruch, hat sie für das gewisse Etwas keine Zeit. Die Folge: Es besteht keine Differenzierung zur Kassiererin bei Aldi. Die ist oftmals sogar freundlicher, weil Aldi sie schnell macht: Lieferanten sind verpflichtet, den Strichcode auf mehreren Seiten der Produkte aufzudrucken. Das erübrigt das zeitraubende Suchen und es bleibt Zeit zum Freundlichsein.

> *Markenverhalten erfordert also in erster Linie prozessgemäßes Verhalten. Starke These.*

Wie soll ein Ford-Mitarbeiter »Feel the Difference« erlebbar machen, solange er glaubt, der Slogan stehe für »Fühle das Differenzial«? Selbst wenn er weiß, was gemeint ist: Von welchem Unterschied ist die Rede? Hier ist das Management gefragt: Es muss kritisch prüfen, ob die richtigen Leute auf den richtigen Stühlen sitzen, und sie dann für ihre Tätigkeit laufend weiter befähigen. Dazu muss der Manager das Tätigkeitsfeld des Mitarbeiters sehr gut kennen, um sich ein Urteil darüber bilden zu können, ob die mangelnde Empathie auf die Einstellung des Mitarbeiters zurückzuführen ist, auf mangelnde Information oder zum Beispiel auf die unzureichend ergonomische Gestaltung des Arbeitsplatzes. Ganz überwiegend liegt es nicht an der Einstellung.

Die starke Markenbotschaft braucht keine Worte: Bei der ersten Begegnung, hat der US-amerikanische Psychologe Albert Mehrabian herausgefunden, beurteilen wir Menschen nur zu 7 Prozent aufgrund dessen, was sie sagen, also auf Grundlage der gesprochenen Inhalte. Weit stärkeren Einfluss auf die Einschätzung des Gegenübers haben Aussehen, Mimik, Gestik und Kleidung (zu 55 Prozent) und die Stimme (zu 38 Prozent). Man kommuniziert immer, überall und häufig unbewusst. Die fundamentalen Mechanismen zwischenmenschlicher Kommunikation vor Augen, erscheint es absurd, dass Verkaufsschulungen nach wie vor auf den Inhalt fokussieren: Geschult werden Fakten zum neuen Produkt und die am häufigsten gestellten Fragen sowie die pfannenfertigen Antworten darauf. So weit, so schlecht: Mit Marke hat das nichts zu tun. Möchte man, dass sie konsistent und echt erlebbar wird, müssen Schulungen weit über die rein inhaltliche Dimension hinausgehen. Auch weil das Urteil über den Mitarbeiter und damit über die Marke im Verkaufsprozess schon gefallen ist, bevor er überhaupt den Mund aufmacht.

Unternehmen sind deshalb gut beraten, sich bei der Erarbeitung von Verhaltensrichtlinien auch Gedanken über die nonverbalen Aspekte zu machen. Bekleidungsempfehlungen, markenspezifische Accessoires und wirklich schicke Uniformen unterstützen zum Beispiel in der Rolle als Markenbotschafter und werden nicht als Zwang verstanden. Besonders dann, wenn die Uniformträger den Designer mit aussuchen dürfen. Manager verständigen sich vor wichtigen Veranstaltungen auf einen Dresscode, um angemessen gekleidet zu sein. Es gibt keinen Grund dafür, den Mitarbeitern diese schöne geistige Entlastung vorzuenthalten. Und dass die Leute von Adidas die eigenen Produkte tragen, versteht sich von selbst.

> *Wenn ich nur Antworten lerne, aber nicht, rechts und links zu denken, bin ich unterwegs wie der Duracell-Hase und komme auch so rüber*

> *Die Adilette ist eine Schlappe aus Plastik und viel zu teuer. Das minderbezahlte Personal im Store muss sie schon geschenkt kriegen: »You Use What You Sell« muss vom Management gewollt sein.*

ZUM MITNEHMEN

- Mitarbeiter sind Markenbotschafter. Mit ihrem Verhalten beeinflussen sie die Investitionsbereitschaft und die Loyalität des Kunden.

- Wissensdefizite führen zu unangemessenem Verhalten. Wer nicht weiß, für welche Werte er einstehen soll, kann sie nicht teilen, geschweige denn leben.

- Wer seine Kunden im Zwiegespräch begeistern will, muss das an den kritischen Berührungspunkten mit ihm tun.

- Besondere Momente im Kundenkontakt können erst dann wahr werden, wenn die Standarderwartungen zu 100 Prozent erfüllt sind.

- Nonverbales Verhalten macht den Unterschied: Wer auf die Kleidung und die Körpersprache seiner Mitarbeiter keinen Einfluss nimmt, vergibt Differenzierungspotenzial.

»Was macht die Marke, Herr Woltering?«

Area General Manager Germany und General Manager Sofitel Munich Bayerpost, Sofitel Deutschland

Wie Überraschungsqualität den Gast zum Stammgast macht und die Zimmerraten stabil hält

In Hotellerie und Gastronomie spricht man von der Mindesterwartung des Gastes, die erfüllt sein muss, damit er sich nicht weigert zu bezahlen. Das ist dann eine ordentliche Leistung: Es war warm und trocken, das Bett sauber, der Fön im Bad hat funktioniert; die Bedienung sprach in ganzen Sätzen, das Essen kam halbwegs flott und war genießbar. Man würde durchaus wiederkommen, solange diese Basisqualität geliefert wird. Da ist die Erwartungsqualität schon eine höhere: Sie bedient die wirklichen Ansprüche des Gastes und geht deutlich über satt und sauber hinaus. Statt des Verwahrtsein-Gefühls stellt sich ein Wohlfühl-Gefühl ein. Es macht sich an Attributen wie »behaglich«, »frisch«, »lecker« und »gastfreundlich« fest; und daran, dass die Vorstellung, etwas länger zu bleiben oder wiederzukommen, durchaus eine schöne ist. Damit sie eintritt, macht das Personal bei der Arbeit am Gast vieles besser als nur richtig. Das ist nicht leicht in einer Branche, in der die Produktpalette im Grunde nur aus Essen, Trinken und Schlafen besteht. Es ist andererseits auch nicht zu schwer – wenn sich der interessierte Mitarbeiter immer wieder aufs Neue vor Augen hält, welche Erwartung er genau jetzt an der Stelle des Menschen hätte, dem er eine gute Zeit bereiten will. Und wenn er immer wieder neue Anregungen dafür bekommt, wie man das am besten macht. Dafür ist die Direktion verantwortlich.

Wenn der Gast aus freien Stücken wiederkommt, ist das die schönste Bestätigung; genauso wenn neue Gäste bei der Ankunft erwartungsfroh davon berichten, wer sie schickt. Jedes

Mal gilt es dann, diesen Vertrauensvorschuss als große Verpflichtung zu verstehen und sich wieder neu zu beweisen. Die Lieferung von Erwartungsqualität reicht dafür in der Regel nicht. Vielmehr muss es etwas sein, das dem Menschen, der schon viel Schönes gesehen und erlebt hat, einmal mehr ein Lächeln ins Gesicht zaubert. Damit nicht Basis- und nicht Erwartungs-, sondern Überraschungsqualität erlebt wird. Bei Sofitel bezeichnet man dieses Erlebnis als »Cousu Main – Service from the heart.« Cousu Main ist ein Kunstwort und bedeutet so viel wie handgemachter, maßgeschneiderter Service. Für Sofitel ist es der Unterschied zwischen dem Service mit dem Kopf und dem mit dem Herzen. Der eine ist einstudiert, geplant, vervielfältigbar; der andere ist spontan, individuell, einzigartig: »Wenn wir unsere Gäste überraschen, redet man darüber.« Robert-Jan Woltering, sturmerprobt an diversen Luxushotel-Spitzen, weiß, was da ganz oben funktioniert. 5-Sterne-Superior-Häuser gibt es einige, und auch in diesem Segment sind die Zimmerpreise unter Druck. Zur Not begnügt man sich mit fünf Sternen normal oder nur mit vier. Viele Reisende, die sich vieles leisten können, nehmen auf Hrs.de oder auf Booking.com einfach das Luxusschnäppchen des Tages. Da kann man wenig verkehrt machen, denken sie; Hauptsache, es ist mein Niveau.

Von keinem bis fünf Sterne – in jeder Kategorie hat ein Hotel die Wahl, beim Rennen um den günstigsten Preis mitzumachen und dafür der Küche noch etwas weniger Budget pro Nase fürs Frühstück zu geben und das Reinigungsunternehmen bei der Pauschale pro Zimmer noch etwas mehr zu drücken. Nur merken darf der Gast von all dem nichts, doch das geht nicht lange gut. Oder aber es positioniert sich unter den Häusern in seiner Kategorie so begehrlich, dass die Attraktivität erstklassig und der Preis für den Gast zweit- oder lieber noch drittrangig ist. Dann bucht er das Haus und nicht die Sterne. Eine Marke, die das schafft, rechtfertigt den höheren Preis und gibt ein eindeutiges Versprechen ab – und hält es dann auch. Das Haus übererfüllt die Erwartung, indem es überrascht. Gerade bei den Gästen, die schon alles haben, funktioniert das nicht mit dem großen Budget, sondern mit der großen Idee. Und mit einem Mitarbeiter, der von der Marke begeistert ist, stolz darauf, hier zu arbeiten, und befähigt zum Fühlen und zum Handeln.

Im Sofitel Munich Bayerpost setzt man im Sinne der immer wieder neu gelungenen Überraschung auf den Faktor Eigenverantwortung und auf die Kraft von Geschichten. Die Mitarbeiter sind idealerweise überzeugte Botschafter der Marke, an allen Kontaktpunkten mit dem Gast: Jeder darf am »Be magnifique«-Training teilnehmen, aber er muss es nicht. (Wenn man etwas darf, ist es weit begehrlicher, als wenn man es muss.) Das Programm bricht die Markenpersönlichkeit des Hauses mit einer Vielzahl an Seminaren auf das tägliche Tun herunter. Der Mitarbeiter leitet für sich und seine Position ab, wo und wie er die Botschaft jeden Tag an den Gast bringt und damit seinen Teil zur Überraschungsqualität beiträgt. Basiselemente für diese Fähigkeit sind das Erlebnis des besonderen Spirits, die Pflege der Leidenschaft für Exzellenz und das, was mit der »Essence of Plaisir« beschrieben ist: Der Markenkern des Hauses, irgendwo zwischen Freude, Behagen und Genuss, muss erst einmal selbst erlebt und gefühlt werden, um ihn dann seinerseits erlebbar und fühlbar machen zu können. Erst nach zwei Jahren intensiver Schulung und intensiven Wahrnehmens ist der Mitarbeiter das, was am Ziel des Programms steht: nicht mehr nur »bereit« wie zu Beginn, nicht nur »er selbst« wie auf halbem Weg zum verantwortungsbewussten Markenbotschafter, sondern »magnifique«. Befähigt für Cousu Main.

Ziel ist es, den Gast »zu lesen«. Hier liegt für Robert-Jan Woltering »der Unterschied zwischen gut und großartig sein: Als Markenambassadeure sehen meine Mitarbeiter dem Gast an, was er möchte, wonach er sucht. Am besten wenn er noch überhaupt nicht weiß, was er gerade jetzt möchte. Das ist ›Service from the heart‹«. Er nennt es »to wow the guest«. Große Worte vom Marketing in der Münchner Bayerstraße. Und nicht nur da: Der Gast muss es mögen, mitten in München vom Personal – je nach Tageszeit – mit »Bonjour« oder mit »Bonsoir« angesprochen zu werden. Sofitel hat seinen Hauptsitz in Paris und pflegt, weil Marke Herkunft braucht, die französische Lebensart. So etwas bleibt zumindest in Erinnerung, und man hat ein echtes Conversation Piece auf dem Weg in seinen guten Tag und in den guten Abend.

Im Rahmen der Eigenverantwortung, wie er sie gelebt wissen will, gibt Herr Woltering jedem Mitarbeiter für den Fall, dass er für seine »idée magnifique« ein Budget braucht, bis zu 500 Euro. »Ich will, dass meine Botschafter unter dem Dach unserer Marke ihren eigenen unternehmerischen Führungsstil haben und ihn leben.« Finanziell muss man sich das leisten wollen und können. Es wird gehen in einem Haus, in dem russische und arabische Gäste ganze Etagen belegen und wochenlang bleiben. Außerdem, geht vieles mit dem bloßen Willen und ganz ohne Geld: Ein Gast aus Indien vertraut dem Zimmermädchen an, er sei traurig, weil sein einziger Sohn heute den ersten Geburtstag habe und er nicht mit ihm feiern könne. Das Zimmermädchen spricht mit dem Supervisor, und beide sprechen mit dem Empfang. Sie mailen die Ehefrau des Inders an, die ein Foto des Geburtstagskindes schickt. Dafür kaufen sie einen schönen Rahmen und stellen das Bild zusammen mit Kuchen und Blumenstrauß ins Zimmer. Kosten: sehr niedrig; Überraschungsqualität: sehr hoch. Dann ist da noch der Portier, der davon abrät, die paar Meter zum Hauptbahnhof rüberzugehen, um sich dort am Standplatz ein Taxi zu nehmen: »Ich rufe Ihnen eines, bei dem wir sicher sein können, dass der Fahrer ortskundig und schnell ist.« Spricht's, drückt den Knopf, und drei Minuten später ist es da. »Das war seine Initiative, und heute ist es Policy.« Für Hoteldirektor Woltering geht das Überraschen so herum – gelebte Marke von der Basis – ganz besonders gut.

Überraschen kostet ein Lächeln und keine Mühe, wenn der Mitarbeiter können kann und nicht müssen muss. Und wenn er derart begeistert ist, dass sein Beruf für ihn Berufung ist. Man spürt es, immer. Und man erzählt die kleinen und großen fabelhaften Hotelerlebnisse, die eine Übernachtung zu einem berührenden Erlebnis machen, gern weiter. Dann ist es Storytelling vom Feinsten. Es erspart teure, austauschbare Anzeigen. Es

macht den Gast zum Stammgast und den Freund des Stamm-
gasts zum Gast. Solches Empfehlungsmarketing ist die Königsklasse des Marketings. Es unterstützt dabei, die Raten stabil zu
halten, wenn vor lauter Will-ich-auch! weniger gefeilscht wird.
Das Besondere an einem Tun, das all das kann, ist schwer zu
beschreiben und erlebt man am besten selbst. Im Sofitel Munich
Bayerpost nennen sie es Cousu Main.

 **Menschen:**

Augen auf beim Körperverkauf!

Christian Berkel ist auch bloß Schauspieler. Er spielt in *Der Untergang* und in *Inglorious Basterds*. Dazu kommen viele weitere Rollen, die ihn, anders als die meisten anderen Schauspieler, erfolgreich und berühmt gemacht haben. Das Faszinierende an ihm ist nicht so leicht zu beschreiben, ebenso wie das, was ihn im Vergleich mit den vielen anderen erfolglosen und unbekannten Schauspielern so anziehend macht. Er ist so schön unnahbar. Das Privatleben mit der genauso bekannten Andrea Sawatzki (seit 20 Jahren dieselbe Frau, wie ungewöhnlich!) und zwei Kindern ist grundsätzlich kein Thema. Das macht neugierig. Was man dennoch erfährt, ist gesteuert und wohldosiert. Berkel hat etwas Mystisches; er sagt viel, ohne viel zu sagen – wenn es etwas zu sagen gibt. Er ist so populär, dass VW die Berkels zu Markenbotschaftern gemacht hat und dafür sorgt, dass sie schöne Autos fahren. Er könnte Werbung für vieles machen: Nassrasierer, Volkswagen, die *Bunte*, die Bahn, die Lufthansa … Aber ob und wofür er wirbt, fällt einem nicht ein. Stattdessen fällt auf, dass er zusehends mehr ist als nur Schauspieler und damit viel mehr als ein bisschen Bluna. Der Mann mischt sich ein.

Er schreibt im Feuilleton der *Welt* darüber, wie die Lektüre von Marcel Proust sein Leben geprägt hat. Er schreibt es so, dass man den Eindruck gewinnt, Bücher von ihm würden das Leben seiner Leser auch prägen. Er schreibt in der *Welt am Sonntag* einen offenen Brief an Jakob Augstein, in dem er ihn auffordert, in seinen Beiträgen zur Frage der Aussöhnung zwischen Juden und Deutschen behutsamer vorzugehen. Dafür, sich hier einzumischen, qualifiziert ihn anderes als der Umstand, dass er eine jüdische Mutter hatte: die eigene Meinung. Er wisse nicht, ob es in der Geschichte der Menschheit eine schwierigere Aufgabe als die Aussöhnung zwischen Juden und Deutschen gegeben habe. (Augstein, der Herausgeber der

Wochenzeitung der *Freitag*, hatte das Simon-Wiesenthal-Zentrum aufgrund seiner Aussagen in dieser Frage Antisemitismus vorgeworfen.) Berkel in seinem Brief: »Verdient sie es nicht, dass Sie, als Journalist, behutsam damit umgehen?« Dabei geht es nicht darum, wer recht hat. Vielmehr geht es um den gesellschaftlich relevanten Diskurs und den inhaltsgeladenen Beitrag dazu.

Kompliment! Popularität und gesellschaftliche Verantwortung sind untrennbar miteinander verbunden – auch wenn viele andere Prominente sich dieser Verantwortung nicht bewusst sind.

Oliver Kahn ist auch bloß Fußballspieler. Okay, er war Welttorhüter des Jahres und ist heute noch »der Titan«. Zu all dem befähigten ihn zupackende Hände, ein blitzschnelles Reaktionsvermögen, enorme Kraft und der Umstand, bei seiner Entdeckung als großes Talent zur rechten Zeit am rechten Ort gewesen zu sein. Er ist berühmter als die meisten anderen Fußballspieler, aber er hat nichts Anziehendes, Faszinierendes. Inzwischen verdient er sein Geld als Fernsehkommentator und als Vortragsredner. Für einen Vortrag über »Die Philosophie der Nummer 1« verlangt er einen hohen fünfstelligen Betrag. Das Banale an ihm ist leicht zu beschreiben, und das, was ihn verglichen mit anderen erfolgreichen Sportlern so egal sein lässt, auch. Der Kahn ist so nahbar: Man denkt nicht an großartige sportliche Leistungen, sondern an Eskapädchen und Skandälchen; an Simone, Verena, Svenja, vielleicht noch an sein Markenzeichen, das badische Idiom. Er sagt viel und meint wenig, auch wenn es nichts zu sagen gibt. Er macht Werbung für Weight Watchers (ziemlich weit hergeholt), die Bruzzzler-Grillwürste von Wiesenhof (passt auf unterem Niveau, gut fürs schnelle Werbegeld), für Mobilat (passt sehr gut), MAN (passt gut) und DWS Investment (auch ziemlich weit hergeholt). Außerdem für Tipico. Das ist ein Sportwetten-Anbieter im Internet und mit etwa 1.000 »Annahmestellen«, in denen der Menschenschlag sitzt, der da halt so sitzt. Man hat seinen Sitz im Portomaso Business Tower auf Malta genommen, was an sich schon mal über den Geschäftszweck Aufschluss gibt.

Wo ist denn da der Brand-Fit? MAN baut Lastwagen, und Kahn war mal Torwart.

Das Unternehmen sagt seinen Kunden, dass bei ihm und besonders bei Oliver Kahn »Ihr Spiel in guten Händen« sei. Dafür steht Herr Kahn dann auch in den Werbeanzeigen mit seiner Unterschrift im Qualitätssiegel »Your Bet in Safe Hands«, das sich der Grafiker mit großer Fantasie überlegt hat. Mit seinem guten Namen tut Herr Kahn auch bei Wiesenhof für sein Engagement stehen. Da unterschreibt er die Aussage »Mann, is' das 'ne Wurst!«

Wer einmal seinen guten Namen für Sportwetten hergibt, braucht seinen danach mäßigen Namen nicht mehr hergeben für Nassrasierer, Volkswagen, die *Bunte*, die Bahn, die Lufthansa … Die wollen lieber Testimonials, mit denen die Botschaften glaubhaft rüberkommen. Menschliche Marken eignen sich dafür, wenn sie Relevanz haben. Eine solche Wesentlichkeit erwartet der Verbraucher heutzutage; von einem Produkt genauso wie von einem Menschen, dem er glaubt, vertraut, sich anvertraut und gern folgt. Christian Berkel hat diese Wesentlichkeit. Oliver Kahn hat sie nicht mehr. Gut beraten in diesem Sinne ist auch die ehemalige Skirennläuferin, die ein 70.000-Euro-Angebot für Werbung für Vaginalpilz-Creme dankend ablehnte, obwohl sie gerade kein anderes Engagement hatte.

Herr Kahn nimmt halt alles mit, solange es die Popularität hergibt – wie Barbara Schöneberger, und die sagt das sogar öffenlich. Wohin das führen kann, zeigt Boris Becker. Schade um eine wirklich große Marke.

Wer die Olsen-Zwillinge so anschaut, denkt sich gern, dass ihm so geschätzt 325 Millionen Dollar auch ganz gut stünden. So viel hat die Mary-Kate genauso wie die Ashley auf der Seite. Gemeinsam machen sie mit der Dualstar Entertainment Group zwei Milliarden Dollar Jahresumsatz. Das alles nur, weil ihre Mutter sie im Alter von neun Monaten erfolgreich beim Casting für die Fernsehserie *Full House* vorstellte.

Manche Produkte haben in der Massenkommunikation nichts verloren. Sie brauchen schon gar kein Testimonial.

Mary-Kate und Ashley schauspielern heute, entwerfen und produzieren Mode, sind ständig in der Knallpresse. Echte Marken, rundherum markenrechtlich geschützt, damit Nachahmer ihres Erfolgs vor der Tür bleiben und bestmöglich abgemahnt werden können, sollten sie es doch versuchen. Mit dem eigenen Körper reich werden – klingt verführerisch. Im Fernsehen herumtollen, im Kino herumalbern, eine Menge Blitzlicht, und obendrauf mit schnellem Strich preiswerte Raushauware für J. C. Penney entwerfen, das ist in Amerika so etwas wie in Deutschland C&A.

Zweimal 325 Millionen Dollar für zwei verkaufte Leben: Viel Schmerzensgeld dafür, dass sie die Chance auf ein selbstbestimmtes weiteres Leben verwirkt haben.

All das reicht schon für einen Stern auf dem Walk of Fame in Hollywood.

Wie viel Olsen-Twins steckt in uns allen? Eine ganze Menge. Viele Menschen stellen sich zur Schau, weil sie gern bewundert und gelobt werden. Wenn es mit Fernsehen und Kino nichts wird, haben sie ihren großen Auftritt im Konferenzraum, in der Bahn und im Flugzeug, im Frühstücksraum des Hotels, auf Kongressen und Konferenzen, im Vorstand von Partei, Golfklub und der Krabbelgruppe »Friedrichshainer Rotznasen«. Damit sie überall gut rüberkommen, gehen sie zum Botoxen (mehr und mehr auch die Männer, und hier die im mittleren Management, weil die noch was werden wollen), cremen sich das Gesicht ein, kaufen sich lieber schöne, begehrliche Kleidung bei Boss oder Marc O'Polo als trutschige bei C&A und buchen Körpersprache- und Rhetorikkurse. Voll normal in einer Welt, in der es keine zweite Chance gibt für den ersten Eindruck und in der die Überlegung, ob man überhaupt so sein will wie die Olsens, nur ganz anders, erst dann angestellt wird, wenn der Zustand aus Versehen schon eingetreten ist. Nicht unbedingt das mit den 325 Millionen, aber das mit dem ewigen Anzetteln, hier und dort unterwegs sein, dieses tun und jenes bleiben lassen. Das gibt es überall, einige Nummern kleiner. In jedem Unternehmen und jedem Sportverein, in jeder kleinen Kreisstadt und in jedem Dorf zetteln die, die jeder kennt, vieles an und sind quirlig unterwegs. Sie werden begafft und bewundernd gehasst, und es wird getuschelt. Was genau? Die einen sagen so, die anderen so. Auch die starke Menschenmarke ist das, was man hinter ihrem Rücken über sie erzählt.

Alles hat seinen Preis, und der Preis, den man zahlt, wenn man zwar kein Star in seinem Metier und auf seinen Bühnen ist, aber immerhin ein Sternchen, ist schnell hoch bis zu hoch. Je nachdem, wer und wie der Mensch wirklich ist, wonach er wirklich strebt und wie er Reichtum definiert. Der Münchner Psychologe Siegfried Brockert sieht es so: »Reich ist, wer sagt: ›Jetzt reicht's.‹« Wer es ähnlich sieht, erspart sich viel Hatz und hat mehr Muße für den Müßiggang, wie er ihn definiert. Am besten ist es, wenn

> *Die Olsens sind keine relevanten Human Brands aus sich selbst heraus, sondern Marken einer Medienindustrie, die keine Skrupel kennt.*

> *Wer das kann, ist eine echte Marke. Um sich dem sozialen Druck des Höher, Schneller, Weiter zu entziehen, braucht es eine sehr genaue Vorstellung davon, wer man ist und für welche Werte man steht, mit wem man sich vergleicht – und mit wem nicht.*

er das für sich erkennt, bevor er loslegt mit dem Leben. Dann tritt der Zustand umso eher ein, dass man lebt und nicht gelebt wird. »Es kommt drauf an, was man draus macht«, hieß einmal der Slogan der deutschen Betonindustrie. Beton an sich ist Zement, kleine Steinchen und Wasser, und das Image dieses im Grunde langweiligen Baustoffs war bescheiden. Wenn man dann die wunderschönen Hängebrücken, preisgekrönten Architektenhäuser und kühn geschwungenen Hallendächer vor stahlblauem Himmel mit den glücklichen Menschen in den großformatigen Anzeigen sah, bekam man einen Eindruck davon, was Beton kann. Man träumte sich hinein in diese schönen Welten, und plötzlich war der Eindruck von Beton ziemlich positiv. Ein Mensch ist auch Haut und Knochen, Intellekt und Gefühl – und es kommt auch bei ihm darauf an, was er daraus macht. Darauf, wie kühn, fantastisch, vorbildlich, nachahmenswert er ist. Und darauf, ob er auch diese Wesentlichkeit besitzt, die nur derjenige ihm zuschreiben kann, der ihn erlebt, er selbst sich aber nicht.

Wer eine Mutter hat, die einen im Alter von neun Monaten nicht beim Fernseh-Casting vorstellte, kann sich selbst vorstellen, ins Gespräch bringen, reindrängen, aufdrängen. »Moderatoren für morgen« boomt, das Ausbildungsprogramm von Frank Elstner und Axel Springer für die großen Bühnen. Der Verlag braucht immer Anchormen und Anchorwomen, Präsentatoren in einer Medienwelt, in der das bewegte Bild das gedruckte Wort ablöst. Und Frank Elstner braucht neue Bühnen. Content ist King, und der King regiert im Internet, wo alle Empfänger von Botschaftern jetzt auch Sender sind und Videos hochgeladen werden, als gäbe es kein Morgen mehr. All das muss wegmoderiert werden, und das im Radio und im Fernsehen auch. Moderator sein ist super, am besten einer wie Kurt Felix, Max Moor und Matthias Opdenhövel. Wie viel der Komoderator einer wöchentlichen Fernseh-Gesprächssendung auf EinsPlus für eine Sendung inklusive Vorbereitung bekommt, will man nicht wissen: 400 Euro. Brutto. Für eine Talkshow im öffentlich-rechtlichen Fernsehen. Immer noch besser als der Redakteur: Der ist Freiberufler und kriegt um die 220 Euro. Für den ganzen Tag. Ohne Fahrtkosten – und bitte selbst versichern. Fernsehen machen macht immer noch geil, auch wenn es nicht mehr nur drei Sender, sondern Goldfischfernsehen für Goldfischfreunde und Heimwerkerfernsehen für Heimwerker gibt. Da passiert es, dass man zur Primetime auf RTL war und auf Facebook passiert – nichts.

Wer nicht Moderator wird, wird Schauspieler. Und wer nicht Schauspieler wird, wird Unternehmer, Geschäftsführer, CBO (Chief Brand Officer), Leiter Corporate Communications oder ein bisschen was von allem. Dann ist man im Berufsleben auch Moderator und Schauspieler, und im Privatleben sowieso. Ob man dann so rüberkommt wie der Christian Berkel der Metallbautechnik, wie der Oliver Kahn der Finanzdienstleistung oder wie die Olsen-Twins des Elektrogroßhandels, hängt von dem ab, was man tut für seine Markenpersönlichkeit; und noch mehr von dem, was man dafür sein lässt. Ausschlaggebend ist Wesentlichkeit. Wer sie hat, hat Klasse. Man kann sie sich aneignen und man kann sie ausstrahlen. Die Technik heißt Human Branding.

Der Mensch ist kein Waschpulver von Tandil und keine Maultasche von Bürger. Er hat kein Logo und ihm ist kein Q10 beigemischt (weil er keine Anti-Falten-Creme ist) und weder rechts- noch linksdrehende Milchsäure (weil er kein Fruchtzwerg von Danone ist). Aber er hat – ebenso wie seine Lieblingsprodukte – das Zeug dazu, in seiner ganz bestimmten Weise genauso markant und profiliert und damit eine genauso starke Marke zu sein.

> *Man möchte nicht gern mit einem Joghurt verglichen werden. Beim Begriff »Human Branding« haben manche vor allem kommerzielle Assoziationen. Das schreckt ab.*

Damit es so kommt, muss er auf seine Positionierung Einfluss nehmen und darauf, wie er wahrgenommen wird. Das ganz proaktiv und selbstbestimmt, im Gegensatz zum Schokoriegel, der so lange vom Konsumenten vernachlässigt im Regal liegt, bis der Hersteller ihn endlich attraktiv positioniert und vermarktet und er dann, wenn es gut gelungen ist, weggeht wie warme Semmeln. Der begehrte Schokoriegel hat echte Fans und echte Ablehner. Der profilierte Mensch hat sie auch, ganz im Sinne des konstruktiven Polarisierens. Solange die Menschen ihn als »ganz nett« (das ist der kleine Bruder von »scheiße«) wahrnehmen, ist das ein Indiz dafür, dass er noch nicht ausreichend positioniert ist und noch zu wenig polarisiert und damit keine starke Marke, sondern ein schlaffes Märchen ist. Man sagt, bewundernd oder auch abschätzig: »Du bist vielleicht 'ne Marke!« Wer ganz sicher eine ist, darf korrigieren: »Ich bin bestimmt 'ne Marke!« Und zwar eine, die echte Bewunderung redlich verdient genauso wie echte Ablehnung. Wenn sie wirklich gut ist, hat sie mehr Fans als Ablehner und wird nur von wenigen als nett empfunden. Der Mensch, der sie ist, sorgt mit seinem Marketing dafür, dass er mit der Zeit die Markenpersönlichkeit lebt, die er sein will. Er macht sie erlebbar. Dann haben die Menschen um ihn herum die Gelegenheit, mit dem Gehalt über ihn zu sprechen, wie er am liebsten über sich selbst spricht.

Freie und wahre Wahl, das ist zu hoch gegriffen: Sie schärft den Blick für das eigene Profil, und man optimiert den Erfolg seiner Wahl.

Die Human Brand ebnet den Weg zum Leben der wahren Wahl; in allen Lebensbereichen und nicht nur im Beruf. Von ihr geht all das aus, was der Mensch für sein Marketing anpackt. Wenn er weiß, wie er wirken will, kann er beeinflussen, was über ihn erzählt wird. Mehr und mehr stimmt dann das Bild, das er von sich am liebsten hat, mit dem Bild überein, das andere von ihm haben. Wenn Selbstbild und Fremdbild schon ein gutes Stück deckungsgleich sind und das immer noch ein bisschen mehr wird, wirkt der Mensch zusehends echter und ist es auch. Dann geht er auch weg wie warme Semmeln, wenn es um Gunst, Zuneigung, Auftrag und Beförderung geht. Coaching und Training im Human Branding unterstützen diese Positionierung und Profilierung. Wer seinen Lebensunterhalt zuvorderst nicht mit dem Hirn und mit den Händen bestreitet (zum Beispiel als Schriftsteller, Schreiner, Mathematiker, Rettungstaucher, Biologe), sondern vor allem mit seiner Persönlichkeit, muss besonders gut wissen, was er will und was nicht. Und was er bereit ist, dafür zu tun, dass das eine eintritt und das andere nicht. Dazu gehören Schauspieler, Models und Politiker genauso wie viele andere Berufsgruppen, bei denen der Mensch und seine Eigenschaften zuerst kommen, und dann kommt erst das Fachliche: Rechtsanwälte, Architekten, Ärzte, Friseure, Autoverkäufer, Coaches … Mehr oder minder betrifft es, bis auf nordkoreanische Grenzbeamte, jeden – auch Mönche, Bundes-

Coaching und Training machen nur Sinn, wenn sie auf der kritischen Auseinandersetzung mit den eigenen Werten, Zielen, Kompetenzen aufbauen. Wer unreflektiert übernimmt, was der Coach ihm sagt oder empfiehlt, wird keine starke Human Brand, sondern ein Abziehbildchen des Coaches.

wehrangehörige und Geografielehrer. Wer die Mehrabian'sche Regel kennt, nach der das Gesagte nur zu einem sehr geringen Teil über Erfolg und Misserfolg entscheidet, Stimme, Aussehen und Körpersprache dafür sehr stark, hat schon einen großen Vorteil. Und wer seine Themen und Positionen dementsprechend auswählt, wofür er steht und was im gesellschaftlichen Leben wesentlich ist, sorgt dafür, dass das, was er sagt, so viel Gewicht beim Erreichen seiner Ziele hat wie das, was er ausdrückt.

Dazu müssen sie auch eher Markenbotschafter sein als bloße Human Brands: Die Human Brand profiliert sich selbst, der Markenbotschafter profiliert sich im Sinne der Marke, die er vertritt. Das ist ein Unterschied.

Starke Human Brands machen aus einer Firma eine Herzensangelegenheit. Hauptverwaltungen, Büroräume, Fabriken, Produkte und Lieferwagen sind seelenlose Dinge aus Stahl, Glas, Holz, Gummi und Plastik. Die Menschen, die sie nutzen, produzieren und bringen, machen sie erst menschlich und begehrlich. Sie laden die Marke emotional auf, dann erst erzählt man sich davon: Man bestellt bewusst, kommt genauso bewusst erst in den Laden, dann miteinander ins Geschäft. Man fühlt sich gut beraten und nicht verkauft. Man kauft. Es gelingt, wenn die Menschen nicht bloß Angestellte und Arbeiter, sondern Markenbotschafter sind; in der Entwicklung genauso wie in der Fertigung, in Verwaltung und Vertrieb, am Telefon und am Beratungstresen. An allen Kontaktpunkten. Dafür müssen sie spüren, weshalb sie gerade hier das tun, was sie tun, und nicht lieber woanders etwas anderes. Auf die Frage, was sie beruflich machen, sagen sie dann, dass sie Kinderaugen größer machen (als Außendienstler bei Mattel), die Menschen zueinander bringen (als Mechaniker bei der Lufthansa), sie beim Sport an ihre Ziele bringen (als Entwickler bei Puma) oder dafür sorgen, dass man mit viel Spumante im Kopf seinen Führerschein behält (als Taxifahrer). So entstehen Bilder im Kopf. Schöne Geschichten fallen einem zu diesen Bildern ein. Produkte bekommen ein Gesicht, man will sie haben. Antwortet der Gefragte aber, dass er Plastikspielzeug verkauft, an Triebwerken herumschraubt, Turnschuhe macht, Taxifahrer ist, bleibt die Begehrlichkeit aus. Man fragt nicht weiter, die peinliche Gesprächspause entsteht. So oder so ähnlich hört man die Antwort oft: »Ich bin bei Meyerbär & Söhne im Büro. Kennen Sie sowieso nicht. Da mach ich alles, was anfällt. Ich mach das schon 20 Jahre, 15 muss ich noch. Na ja, da ist es warm und trocken, besser als gehartzt.«

Unternehmer müssen ihre Leute zu Mitunternehmern machen. Wie bei Liqui Moly in Ulm. Die Firma macht Motorenöl und ist in ihrem Metier die erfolgreichste in Deutschland. Der Chef Ernst Prost sagt, das liege natürlich auch an der Entwicklungskompetenz und an den Produkten. Vor allem aber liege es an den Menschen: »Hier sind alle gleich, nämlich gleich wichtig.« Wenn man sich so fühlt, macht es stolz. Man ist Teil des Ganzen, geht gern zur Arbeit und gibt sein Bestes. Und wenn man gefragt wird, was man beruflich macht, sagt man nicht, dass man bei einer Ölfirma ist, sondern dass man das Auto des Fragestellers schneller macht und dafür sorgt, dass es runder läuft und der Motor länger hält, damit er mehr Spaß an seinem Auto hat und es ihn weniger Geld kostet. Starke Marken machen Geschichten. Wer überzeugte Markenbotschafter und nicht bloß eine Belegschaft hat (belegt man mit denen die leeren Konferenzräume?), bringt die Marke dahin, wo sie ihre ganze Kraft entfaltet – an die Kontaktpunkte. Erst intern bei motivierten Mitarbeitern, dann draußen bei Interessenten und Kunden. Tolle Kataloge und Werbespots reichen im Marketing nicht. Erst der Mensch sorgt dafür, dass gekauft wird. Wenn der Käufer etwas liebend gern haben will, handelt er vielleicht etwas, aber er feilscht nicht. Er will das Produkt jetzt gleich, da ist der Preis zweitrangig. Der leidenschaftliche Verkäufer verkauft es ihm, obwohl es hochpreisiger ist als im seelenlosen Internet. Er tut es auf die Art und Weise, auf die der Käufer es sich wert ist, mehr bezahlt zu haben.

Wer sich hinter anderen versteckt, nicht klar sichtbar und nicht besonders spürbar ist, bemerkt irgendwann, dass es nicht ausreicht, alles »richtig« zu machen. Menschen spüren es, wenn sie eine echte, eindeutig wahrnehmbare Persönlichkeit vor sich haben; man kennt es von sich selbst. Man will sich ein Bild von seinem Gegenüber machen, seine Sinne und Gefühle walten und wirken lassen und sich eine Meinung darüber bilden, ob man sich mit diesem Menschen länger auseinandersetzen

> *Human Branding dient nicht nur dazu, sein Gesicht in der Menge zu profilieren; es hilft auch dabei, es zu mögen: Selbstwert als Basis von Selbstbewusstsein.*

> *Wenn diese Formel uneingeschränkt gelten würde, gäbe es kein Amazon.*

mag. Diese Meinungsbildung passiert immer, in Bruchteilen einer Sekunde. Die Frage ist, mit welchem Ergebnis. Jedes eindeutige Ergebnis, das zu einem klaren »Ich will mehr von dem!« oder zur ebenso entschiedenen Ablehnung führt, ist ein gutes. Das ergibt wahre Fans, wahre Ablehner und wenig egal. Wer weiß, wer er ist und was ihn antreibt, wofür er brennt, wofür er stirbt (besser: wofür er lebt), was er braucht wie die Luft zum Atmen, worin er seine Erfüllung, seinen Sinn im Leben sieht, weiß auch, was er tut. Das ist die beste Basis dafür, auf einem Gebiet richtig gut, sogar bekannt und berühmt zu werden. Er weiß dann auch, welchen Themen er sich hingibt – und an wen er sich verkauft. Einmal Tipico-Sportwetten, immer Tipico-Sportwetten.

Hübsche Timberlands und die Jacke von Moncler machen keinen Sieger. Der mit dem teuersten Outfit von Bognervölklmammutsalomon fährt am schlechtesten Ski. Ein Zeichen dafür, dass es vor allem um das Innere, nicht so sehr um die Verpackung geht. Vor allem Echtheit und Ehrlichkeit sorgen stattdessen dafür, dass die menschliche Marke den Vertrauensvorschuss, den sie bekommt, auch einlöst: Wer weiß, wofür er steht, und seinen Markenkern und seine Markenwerte, seine Herausstellung (beim Produkt heißt sie USP) und seinen Gesellschaftsbeitrag (beim Produkt heißt er Nutzen) formuliert, setzt auf dieser Grundlage die begrenzt verfügbaren Ressourcen Zeit, Herzblut, Kraft, Schweiß, Nerven, Tränen und Geld so wirksam für sein Marketing ein, dass seine Qualitäten in den Augen der anderen das halten, was seine Verpackung verspricht. So werden Erwartungen erfüllt, manchmal übertroffen, und es gibt keine Enttäuschungen. Das ist die Voraussetzung dafür, dass das Leben Sinn macht. Der Wettbewerb der Neunziger- und Nullerjahre – schneller (fahren), höher (bauen), weiter (kommen) – ist nämlich vorbei.

Wer weiß, was er nicht kann, macht weniger Fehler: Thomas Gottschalk kann Show, aber keine Talkshow. Es liegt daran, dass er gern redet und ungern ausreden lässt. Und dass er hört und nicht zuhört. Er lernt es nicht mehr, das muss er auch nicht. Da-

> *Zu viele Markenklamotten sind für den Vertrauensvorschuss sogar hinderlich, weil sie den Blick auf die wahre Persönlichkeit versperren.*

für sind seine Qualitäten in seinem angestammten Markt viel zu gut. Talkshow können die anderen. Wer so etwas vorher spürt, muss es nicht erst mühevoll probieren und dann feststellen, dass dieser Weg nicht nur kein leichter, sondern schlicht der falsche ist. Echte Human Brands wissen nicht nur, was sie so richtig gern wollen, sondern auch, was sie so richtig gut können.

Der Markenkern von Thomas Gottschalk ist »live«. Er lebt von und mit seiner Spontaneität. Er wird erst warm, wenn Markus Lanz schon lange feuchte Hände hat. Bei der Aufzeichnung im klinischen Studio verblüht er.

ZUM MITNEHMEN

- Human Branding heißt, dem Menschen ein markantes, authentisches und unverwechselbares Profil zu geben.

- Es nutzt nicht nur Schauspielern und Sportlern, sondern auch Managern, Politikern, Vereinsrepräsentanten, Mitarbeitern, Privatleuten, die sich in ihrem Umfeld nachhaltig positionieren wollen.

- Die Positionierung der Human Brand basiert auf der kritischen Reflexion von Geschichte, Werten und Zielen. Sie gibt die Vision und die Leitplanken für die Ziele und Maßnahmen vor, die es braucht, damit sie wahr wird.

- Oberflächliche Repositionierungsversuche durch einen neuen Kleidungsstil oder eine neue Website haben nur einen kurzfristigen Effekt und werden mittelfristig als substanzlose (Selbst-)Täuschung enttarnt.

- Mitarbeiter repräsentieren ihr Unternehmen überall. Dafür sollten sie die profilierte Human Brand unter dem Dach ihrer Arbeitgebermarke sein.

»Was macht die Marke, Herr Moor?«

Biobauer, TV-Moderator, Autor

Wieso die großen Sender einen Brandenburger Rinderzüchter zum Moderieren in die Metropolen holen

Wer am Arsch der Welt wohnt, läuft Gefahr, dass die Welt ihn vergisst. Besonders wenn er Freiberufler und darauf angewiesen ist, dass die Auftraggeber ihn auf Rechnung haben, als TV-Moderator von so pädagogisch Wertvollem wie »Titel, Thesen, Temperamente« und »Bauer sucht Kultur«. Alles Quatsch, sagt Max Moor, ehemals Dieter Moor, wohnhaft in Hirschfelde, Stadtteil von Werneuchen: »Mit der modernen Kommunikation ist es wurscht, ob ich in der Stadt wohne. In diesem komischen Fernsehgeschäft ist es ja auch wurscht, in welcher Stadt ich wohne. Ich habe fast nie die Aufträge dort gehabt, wo ich gelebt habe.« Im Übrigen sei Hirschfelde nicht der Arsch, sondern das Zentrum der Welt, sogar der Mittelpunkt des Planeten. 40 Kilometer sind es bis ins Borchardt nach Berlin, wo sich alles trifft, was nicht nur den Rang, sondern auch den Namen dafür hat; der Moor nur »sehr ungern«. Genauso ungern geht er auf Vernissagen; in der Hoffnung, dass der Fotograf vom *Tagesspiegel* auch da ist, schon gar nicht: »Der macht dann Fotos wie wild, aber das mit einem drauf wird sowieso nicht veröffentlicht, und man ist umsonst da. Nur rumstehen und Gin Tonic trinken kann ich nicht.«

Überhaupt, das mit den Verabredungen in der Stadt: Wenn Sie daheim im Regionalpark Barnimer Feldmark so dasitzen und der Sonne beim Untergang und den Kühen beim Wiederkäuen zuschauen und sich dann sagen: »Jetzt wollen wir langsam los, duschen wäre noch gut wegen des Geruchs«, ist die Gefahr groß, dass Sie sich sagen: »So schön, wie es hier ist, kann die Vernissage nicht sein.« Sie bleiben dann bei der Sonne und den

Kühen. Der Moor hat eine Einstellung so gesund wie die Luft auf dem Hof von Sonja Moor Landbau, wo der Nebenerwerbsbauer und die Haupterwerbsbäuerin Wasserbüffel züchten und Galloway-Rinder. Bio. Und nachhaltig: »Wir müssen den Respekt vor den Lebewesen wieder lernen, die außer uns auf diesem Planeten existieren, bis zum kleinsten Käferchen, und den vor Gottes Schöpfung.« Die Firma mit dem Hofladen ist eine Marke. Es gibt Bio-Fertiggerichte im Weckglas, samstags wechselweise Frisches vom Wasserbüffel und vom Galloway-Rind, außerdem die T-Shirts mit den besten Sprüchen aus der arschlochfreien Zone, der AFZ.

Am liebsten soll sie aber keine Marke sein: »Marken sind Zuordnungen, und Zuordnungen sind Schubladen.« Dabei ist Max Moor auch eine Marke, die Best Male Human Brand 2013. Wahre Human Brands, sagt die Jury, sind gesellschaftlich relevant als Vorbild, Vorausgeher und Erlaubnisgeber. Herr Moor sagt, Vorbilder gibt es gar nicht, weil es jeden Menschen Gott sei Dank nur einmal gibt und weil alles, was der Mensch schafft, nur von ihm abhängt und davon, was er richtig macht und was falsch: »Wenn man wie ich mit Mitte 50 zurückschaut und sich sagt, dass da so verdammt viel Zufall dabei war, im Guten wie im Schlechten, außerdem immer wieder die Gunst der Stunde, stellt man fest, dass der Einfluss, den man auf die eigene Biografie hat, marginal ist.« Weitergeben an die Jüngeren kann er nur den Rat, die Dinge, die man sich vornimmt, auch durchzuziehen. Schon damit man den Respekt vor sich selbst nicht verliert: »Eine Menge Geduld und Sturheit gehört dazu und sich immer wieder infrage zu stellen. Nachhaltig leben und handeln heißt fragen und neue Erkenntnisse zulassen.« So klingt ein Vorbild, das keines sein will, und er fügt an: »Es braucht die seltsame Kombination aus Durchziehen, woran man glaubt, und jederzeit bereit sein, den Glauben zu ändern, wenn man merkt, dass er ein Irrtum ist.«

Verständigt man sich mit dem Moor auf »Markierung« statt auf »Marke«, was die Kraft der richtigen Positionierung angeht, kommt man näher zusammen. Markiert ist das Unternehmen

Sonja Moor Landbau allemal. Schließlich hat man etwas zu sagen und zu bieten. Vor allem stimmt die Geschichte, »anders als
bei Müllermilch, die Geschichten erfinden müssen, weil sie ganz
normale Milch verkaufen. Da kleben sie die Almhütte drauf und
nennen die Milch Sennerinnen-Glück. Das halte ich für Betrug«.
Bei Milli Vanilli war es auch einer, die konnten nicht mal singen,
und all die anderen »18-jährigen Nichtse von den künstlich zu-
sammengepackten Boygroups«, sagt Herr Moor, sind nicht viel
besser, weil da auch die Geschichte fehle. Markieren hilft da
nichts mehr. Dagegen erzählen Traktoren von Steyr die glaubwürdige Geschichte, die sexy macht: Ein neuer Traktor sollte
her und bezahlt werden vom Ertrag des Moor-Bestsellers *Was
wir nicht haben, brauchen Sie nicht: Geschichten aus der arschlochfreien Zone*, 450.000 verkaufte Exemplare. Der alte Traktor
ist ein Hürlimann, ein Schweizer wie Herr Moor. Da sollte der
neue ein Steyr sein, ein Österreicher wie Frau Moor: »Wir wollten jetzt einen Steyr, obwohl es da eine lange Wartezeit gibt und
alle Trecker im Prinzip gleich sind und fast alle in Norditalien gebaut werden. Die machen einen Monat Steyr, dann einen Monat
Lamborghini, dann machen sie einen Monat Claas, mit unter-
schiedlichem Design.« Es musste trotzdem die so gut markierte
Marke Steyr sein, vor allem für die Herzen und nicht so sehr für
die Köpfe: »Wie jeder Kauf war auch der emotional und nicht
vernünftig. Der hat mir gut gefallen, weil er schön rot-weiß war
und zum Hürlimann passt, und natürlich kann der all das, was
ein Trecker können muss. Steyr ist eine Traditionsmarke, da hat
man immer noch eine Illusion: Der hält besonders lange. Hält er
natürlich nicht im Vergleich zum Hürlimann.«

Gefeilscht haben sie nicht so sehr, »nur gehandelt. Wir brauchen einen Partner, und der ist die Firma, bei der wir alles Gerät beziehen. Da braucht's ein gewisses Vertrauen. Wenn man
das aufgebaut hat, kann man davon ausgehen, dass der andere einen nicht über den Tisch zieht. Bedingung ist, dass man
irgendwann über den Tisch kommt und einschlägt und ›Gilt!‹
sagt.« Die Mechanismen der Marken funktionieren auch im Leben der Moors, beim neuen Traktor genauso wie beim Händler.
Partnerschaft und Vertrauen sind auch hier die Schlüsselwor-

te. Das verhindert auch das Gefühl der Abhängigkeit, wenn der Trecker verreckt und der nachhaltig gut behandelte Mechaniker dann gleich kommt, weil sonst der ganze Landbau stillliegt. Ein schlecht behandelter Lieferant verweist beim zügigen Reparaturservice gern mal auf Google.

Da wohnt also einer in der AFZ, die er mal ausgerufen hat, und die Medien griffen es dankbar auf. Daraus wurde der Bestseller, und daraus wurde der Steyr. Die Zone beschränkt sich bis auf Weiteres auf den Hof, »die Leute, die da drin sind, legen sich selbst gegenüber Rechenschaft darüber ab, ob sie Arschlöcher sind oder nicht«. Beurteilen kann das außer ihnen niemand, weil der, der es versucht, selbst eines ist. Augenzwinkern spielt da mit, neben ganz viel Ernsthaftigkeit. Wer an Herrn Moors Leben teilhat, soll auch seine Ansichten teilen. Das kann einer ja wohl erwarten, der vielen nicht passt und sich immer gern mit anderen angelegt hat. Heute hat er lieber seine Ruhe, raucht eine von den vielen Natural American Spirit, biologisch angebauter Tabak ohne Zusatzstoffe, Marke Landluft. »Die armen Feinde verlieren ihre Kraft, weil ich versuche, dass wir einander möglichst in Ruhe lassen.« Sicher braucht die kantig markierte Persönlichkeit neben echten Fans auch echte Ablehner, »vielleicht auch Feinde, aber eine Feindschaft ist erst dann eine, wenn eine Beziehung besteht, und auf solche Beziehungen habe ich keine Lust: Dies ist jetzt eine Einladung an alle Feinde, richtig zuzuhauen«. Wer sich dermaßen entwaffnet und die Flanke zum Zubeißen darbietet, ist im Reinen mit sich und spürt, was er will: »Moderieren im Fernsehen hat ein Ablaufdatum. Wenn es so weit ist, soll die Landwirtschaft mich nicht nur erfreuen, sondern auch ernähren.« Hinter seinem Rücken, am Stammtisch irgendwo in Brandenburg, soll dann, wenn einer sagt, dass der sich als Moderator so einen Hobby-Bauernhof schon leisten kann, ein anderer sagen: »Nee, das ist bei dem nicht Hobby, das ist richtig und das funktioniert auch.« Und der soll recht haben.

Wenn dieser Zustand eintritt, sagt Max Moor, fehlt mit dem Fernsehen nichts, was die Schulter tätschelt, die Seele streichelt und die Eitelkeit bedient. Im Gegenteil, dann wird das Wahre erst dafür da sein: die Büffel, die Galloways, die Käferchen und Sonja. Max Moor hat diese Wesentlichkeit. Sie zeichnet auch starke Human Brands aus, die keine starken Human Brands sein wollen. Und verzeiht das eine oder andere Sperenzchen, wie das mit dem neuen Vornamen. Max und nicht mehr Dieter: »Ich finde, auch aus markentechnischer Sicht ist es geschickt, weil es viel besser klingt.«

Loslegen:
»Wie geht das,
Henkel & Berndt?«

Zum Beispiel:

Markenbildung in der Finanzdienstleistung

Sagen, wie es nicht geht, ist einfach. Sagen, wie es geht, ist schwieriger. Es gibt kein Patentrezept. Aber es gibt das konsequent markenadäquate Verhalten und Handeln von Anfang an, das dann nie mehr aufhört. Wer von der Kraft der Marke überzeugt ist, für den ist sie der Resonanzboden bei allen Aktivitäten. Markiert ist jedes Unternehmen irgendwie, das liegt in der Natur der Sache. Nur wie? Wie kommt es dahin, dass es so markiert ist, wie es markiert sein muss, um dauerhaft am Markt bestehen und dafür seine Zukunft verlässlich planen zu können?

In einem Umfeld, in dem die Austauschbarkeit wächst und der Konkurrenzdruck größer wird, die Anbieter immer zahlreicher werden und immer mehr immer schneller wieder verschwinden, die Menschen durch das Internet immer transparenter vergleichen können und immer öfter das Gefühl haben, irgendwo könnte es noch etwas Besseres, Schöneres, Günstigeres geben, setzen nicht mehr nur Konzerne und große Unternehmen, sondern auch immer mehr mittelständische und kleinere auf die Kraft der Marke, um nicht in diesen Strudel zu geraten – oder um ihm zu entkommen. Gerade auch dann, wenn sie zwar »Produkte« haben, aber nichts Anfassbares herstellen.

Horbach ist auch nur ein Finanzdienstleister. Das Unternehmen im Swiss-Life-Konzern ist auf die Finanzplanung für Akademiker in Deutschland spezialisiert, eine besonders lukrative Zielgruppe. Kernaussage ist das Versprechen von Freiheit vor dem Hintergrund der finanziellen Absicherung mit dem Horbach-Finanzplan. Größter Konkurrent ist MLP. Man hat etwa 400 freie Finanzberater unter Vertrag, eine besondere Konstellation: Die Berater sind nicht fest angestellt, sondern auf eigene Rechnung unter dem Dach von Horbach tätig, weil sie der Ansicht sind, dass sie gemeinsam mehr für jeden Einzelnen erreichen als jeder für sich allein. Sie können dabei sein und müssen nicht, noch viel weniger als ein klassischer Angestellter in einer anderen Branche. Zudem sind sie über ganz Deutschland verteilt, was den Zusammenhalt unter dem Dach einer Marke umso schwieriger macht. Sie sind durchweg sehr profitabel. Trotzdem ist es nicht leicht, weitere Berater zu finden. Es liegt an Vorbehalten gegenüber dem Image der Branche, Unwägbarkeiten, was die Entwicklung des Versicherungsgeschäfts angeht, und Unsicherheiten darüber, ob man nicht doch lieber unter eigenem Namen arbeiten sollte. Stefan Mercier, heute Geschäftsführer, war nach dem Gründer der Zweite an Bord. Er sagt, es ist kulturell schwierig, freie Handelsvertreter zu binden. Ihm »war jahrelang der Unterschied zwischen Marke und Marketing nicht klar«. Jetzt weiß er, dass diese Bindung am ehesten mit der Marke gelingt: »Damit geben wir allen Kollegen eine Heimat bei uns.«

Mehr als 30 Jahre ging es prima ohne bewusst aufgesetzte und verfolgte Markenstrategie, da könnte es die nächsten 30 Jahre so weitergehen. Nur muss sich Horbach inzwischen in einem immer fragmentierteren Markt immer stärker behaupten, im Wettbewerbsumfeld genauso wie in der Wahrnehmung der Kunden und der Berater. Eine Marke ist man schon immer irgendwie, sagt der Chef, aber nicht eindeutig definiert. »Ich will Horbach zur Marke machen, um uns abzugrenzen.« Als Zweitgrößter hinter MLP hat man wenigstens ein klares Ziel. Lange hat man zur Differenzierung gesagt, man sei irgendwie anders, wie damals die Dresdner Bank als drittgrößte in Deutschland. »Die haben gesagt: ›Wir sind die Netten und die Grünen und die Drittgrößten.‹ Aber das ist kein Nutzen.« Wenn man gefragt wurde, was anders sei als bei MLP, antwortete man, man sei anders. Das ist auch kein Nutzen. Die Dresdner Bank gibt es nicht mehr. Damit es Horbach weiter als Horbach gibt, sagt Herr Mercier, »wollen wir uns klar abgrenzen von den Mitbewerbern und auch innerhalb des Swiss-Life-Konzerns, in dem drei weitere Schwestergesellschaften tätig sind«.

Die besondere Herausforderung: Horbach stellt keine Garagentore oder Joghurt her, sondern bietet die beiden Produkte Beratungsdienstleistung und Finanzplan an. Das sich daraus ergebende eigentliche Produkt, die finanzielle Absicherung, ist zunächst wenig greifbar, weil sich Finanzen in Analysen und Berechnungen sowie auf Depot- und Kontoauszügen abspielen. Auch ist das Thema wenig sexy, weil der Nutzen der guten Finanzplanung nicht sofort, sondern erst irgendwann in der Zukunft genossen werden kann. Aus diesen Gründen ist der Faktor Mensch bei Horbach ganz besonders wichtig.

Was man mitgestaltet, trägt man später mit. Man verbreitet und verteidigt es dann besonders gern. Wieder Fokus Mensch, schon bei der Entwicklung der Marke. Dennoch darf da nicht jeder mitmischen. Marke ist nicht demokratisch, und wenn man 400 Leute befragt, bekommt man 401 Antworten. Der Spagat geht so: So wenige Leute wie möglich und so viele wie nötig einbinden, die alle Bereiche und Hierarchiestufen abdecken und schon zu Beginn des Projekts die Botschaft verbreiten, dass sich da etwas tut, um Gutes noch besser machen. Bei Horbach wird ein Markenkernteam (MKT) mit zwölf Kollegen gebildet. Mit dabei sind Geschäftsführer, Partner, Berater, Produktmanager, Akademieleiter, Leiter Servicezentrale, Marketingverantwortliche. Sie machen das freiwillig, das Dabeisein muss eine Ehre und darf keine Bürde sein.

Das Projekt startet mit 160 Beratern auf der »Bestenförderung« auf Mallorca. Die Besten treffen sich dort jedes Jahr zum fachlichen Austausch und zum Chillen, das schweißt zusammen. Diesmal steht ein Tag im Zeichen des Projekts: Was ist Marke, was kann sie, was bringt sie ausgerechnet uns, was müssen wir dafür tun, was kommt auf uns zu? Der Robinson Club Cala Serena wird zum Markencamp: Auf dem Zimmer tolle echte und blöde imitierte Markenprodukte und das Buch über Human Branding neben der Bibel (»Der Trend geht zur Zweitbibel«); im Klubtheater Marke zum Erleben und Anfassen – Markengeschichten und Markenwissen, angereichert mit dem besten Botenstoff für ernsthafte Botschaften: Humor. Außerdem Zeitplan, Schritte und Zuständigkeiten für das Projekt. In einem Jahr, wenn die Besten wieder hier sind, soll die Marke präsentiert und von allen abgesegnet werden; das MKT vergibt Punkte beim Marken-

Yoga, bei den Marken-Montagsmalern und der Umfrage über Horbachs Qualitäten als Employer Brand; abschließend die Bewertung des Unternehmens mit allen Sinnen: Wie riechen und schmecken wir, wie fühlen und hören wir uns an, wie sehen wir aus? Zur Auswahl stehen Analogien, Exponate und Bilder, von laut bis leise, rau bis samtig, zart bis hart; die Markenpunktekarten nehmen an der Verlosung der Birkin Bag aus *Sex and the City* teil. Sie kommt vom Asiamarkt in Svatá Katerina, Tschechien, 50 Euro statt 9.000 Dollar, ein Megabeispiel für die unwiderstehliche Gravität von Hermès. (Der Chef tauscht dieses so enttäuschende Fake-Produkt gegen etwas sehr begehrenswertes Originales ein.)

Hängen bleibt, dass Horbach wie Hermès werden soll, der Finanzplan wie die Kelly Bag; nur ganz anders. Und auf jeden Fall das Original in der Finanzplanung für Akademiker – oft kopiert und nie erreicht. Die Teilnehmer bekommen nach der Rückkehr die Ergebnisse der Umfragen und Abstimmungen zusammen mit der Planung. Gewünscht ist, dass sie anfangen, mit ihren Teams über das Projekt zu sprechen. Das macht neugierig auf mehr und involviert die nächste Welle der potenziellen Markenbotschafter. Im Selbstbild-Workshop, wenige Wochen später, diskutiert das MKT, wo und wie man sich heute sieht und wo und wie man morgen sein möchte. Mit wenig PowerPoint und viel Interaktion, mit einer Vielzahl an Geschichten und Erlebnissen und didaktisch sauber aufgegleist werden sie dazu animiert, ihre Komfortzone zu verlassen, tiefer in sich hineinzuhorchen und maximal Verwertbares beizutragen. Dazu stachelt die Markenberatung auch mit der Vorstellung der Analysen von Unternehmen, Portfolio, Zielgruppen, Markt und Wettbewerb an. Das Team bringt die erzählenswerten Stärken auf den Punkt und entwirft Szenarien darüber, was man sich draußen am Markt wohl über Horbach, die Leistungen und die Qualität erzählt und wie der beste Freund eines jungen Uni-Absolventen auf die Ansage reagieren würde, dass er als Berater zu Horbach gehen will. Es erarbeitet Positionierungsansätze im Spannungsfeld zwischen dem, wo man sich am liebsten sähe, und dem, was die reale Situation erforderlich macht. Und es entwickelt dafür ersten Input für Markenkern und Markenwerte, Nutzenversprechen und die Argumente dafür, dass das Versprechen gehalten wird.

Die Markenberatung erfasst mit Tiefeninterviews das Fremdbild – die Meinung von Kunden, ehemaligen Kunden und Wunschkunden, Konkurrenten und Fachjournalisten: Wie sehen sie Horbach heute, auch im Vergleich mit dem Wettbewerb; wie klar und glaubwürdig ist das Nutzenversprechen; wo gibt es Defizite und Entwicklungspotenziale; wo soll Horbach morgen sein und was soll die Marke versprechen; wie soll sie sich präsentieren und wahrgenommen werden? Der Abgleich mit dem Selbstbild deckt Lücken und Widersprüche auf, die – vor dem Hintergrund von Unternehmensstrategie, Marktentwicklung und Wettbewerbseinschätzung – allerbesten weiteren Diskussionsstoff bieten.

Es folgen Auswertungen, Präsentationen, Diskussionen, Verdichtungen, Szenarien. Dabei kristallisiert sich heraus, dass das Versprechen von Freiheit nicht seriös zu machen ist: Freiheit, auch mit der Einschränkung auf den finanziellen Bereich, ist ein großes Wort. Um diesen Zustand zu erreichen, braucht es außerdem Gesundheit, soziale Beziehungen, demokratische politische Verhältnisse und die entsprechende Lebenseinstellung. Zu viel auf einmal für einen Finanzdienstleister, der kein Heilsbringer ist, sein will und sein kann. Zudem ist der Begriff sehr abstrakt, wenig greif- und fassbar und schwierig herunterzubrechen darauf, was das für die Beratung im Tagesgeschäft auf die zu schaffende unnachahmliche Weise bedeutet. Am heikelsten: Unter finanzieller Freiheit stellt sich jeder etwas anderes vor. Absolute finanzielle Unabhängigkeit ohne nennenswertes vorhandenes Vermögen ist für die meisten unerreichbar. Da ist die Gefahr groß, dass sie das einmal gemachte Versprechen früher oder später als nicht gehalten sehen und eine an sich gute Performance eines Horbach-Finanzplans nicht für schätzenswert erachten.

Die Markenberatung schlägt eine Positionierung vor, die zeitgemäßer, besser zu fassen, emotionaler und besser umsetzbar ist. Der Freiheitsgedanke als höchstes Gut des Menschen soll bestehen bleiben und Horbach als diejenige Instanz positioniert werden, die maßgeblich dazu beiträgt, dass dieser Zustand eintritt. Verabschiedet wird ein Markenkern, der ultimative Nutzen des Unternehmens, der all diese Ansprüche in einem Wort vereint: »Zuversicht«. Er ist warm, weich, gefühlsregend, klar. Dieser ultimative Anspruch heißt nicht »Geld« oder »Wohlstand« oder gar »Reichtum« – Horbach war nie so und kann und möchte nie so sein. Außerdem fallen solche hedonistischen Schneller-Höher-Weiter-Positionierungen auch in der Finanzbranche zusehends aus der Zeit.

Die Grundelemente der Markenpositionierung von Horbach: »Zuversicht« ist der Markenkern, die Antwort auf die Frage, was man gibt, vermittelt, erreicht. Bei allem, was man entwickelt, anbietet und tut, soll er durchscheinen, damit bei allen Anspruchsgruppen mit der Zeit dieses Gefühl entsteht: Wenn ich bei Horbach abschließe genauso wie wenn ich mit Horbach arbeite, verspüre ich Zuversicht, was die Entwicklung meiner finanziellen Situation angeht, besonders fürs Alter, und meine Absicherung gegen Gefahren und Risiken; als Kunde genauso wie als Kollege. Stefan Mercier: »Wir verkaufen etwas, das in der Zukunft liegt. Zuversicht holt die Zukunft in die Gegenwart, weg vom abstrakten, vagen Versprechen, das sich vielleicht in 20 oder 30 Jahren erfüllt, hin zum konkreten, greifbaren und begreifbaren Erlebnis im Hier und Jetzt.«

Der Markenkern wird von den Markenwerten übersetzt, interpretiert und ausgelegt. Sie fassen, wie welche Art von Zuversicht wie gegeben, vermittelt, erreicht wird. Damit wird der Kern noch greifbarer. Jeder Markenwert hat wiederum drei Markenfacetten mit der Facettenbeschreibung, die ihn weiter auslegen:

Der erste Markenwert heißt »treffend«: Seine Facetten sind »sattelfest« (»Wir kennen uns ganz genau aus. Wo wir uns nicht ganz genau auskennen, sind wir nicht«), »klar« (»Wir kommunizieren verständlich«) und »maßgeschneidert« (»Wir machen nur Unikate«).

Der zweite Markenwert heißt »gemeinschaftlich«: Seine Facetten sind »auf Augenhöhe« (»Wir sind Akademiker für Akademiker«), »tolerant« (»Wir stellen uns auf den Menschen ein), »verbindlich« (»Wir lassen uns an dem messen, was wir sagen, schreiben, vereinbaren. Immer«).

Der dritte Markenwert heißt »ver-rückt«: Seine Facetten sind »lausbübisch« (»Finanzplanung muss Spaß machen: Den sieht man uns an«), »brennend« (»Was wir tun, tun wir ganz oder gar nicht«), »quer« (»Was sich gehört, bestimmen wir«).

Worte, die möglichst viel Kraft haben und ein klares Bild erzeugen sollen. »Wir sind die Farbenfrohen, die Ver-rückten in der Masse in der an Seriosität verkrampften Branche, nicht so konservativ«, sagt der Chef. »Finanzielle Sicherheit heißt nicht nur satt und sauber, mit uns macht sie richtig Spaß!« Jeder soll das zu spüren bekommen. Ausgehend vom Epizentrum, wo der Markenkern ist, wird seine Wirkung über die Werte und die Facetten in immer größeren Wellen weiterverbreitet. Dazu gehört auch die nächste Welle mit weiteren positionierenden Aussagen; zum einen mit dem Benefit (dem Nutzenversprechen): »Wir geben Menschen heute das berechtigte Gefühl, auch morgen genug Geld für ein gutes Leben zu haben.« Leicht versprochen, schwer gehalten. Deshalb wird er zum anderen ergänzt durch den Reason-to-Believe (den guten Grund dafür, dass man das glauben kann): »Sie sehen es in unseren Augen: Diesen Glanz haben Ihre auch, wenn Sie – genau wie wir – den Horbach-Finanzplan haben.«

Marke ist ganz wenig, wie ein gutes Backrezept und ein guter Architektenplan: Je knapper die Markenpersönlichkeit ist, desto präziser ist sie formuliert und nicht mit Plattitüden, Buzzwords und Da-hat-jeder-mitschnabeln-dürfen-Ausdrücken verwässert. Die Mitglieder des MKT haben in etlichen Meetings um jedes einzelne Wort gerungen. Austauschbare Allgemeinplätze wie »Tradition«, »Innovation« und »Kompetenz« haben da keinen Platz. Schließlich soll die Marke Horbach die nächsten – bestenfalls 30 – Jahre Bestand haben. Da ist Kuschelzone woanders und konstruktiver Streit wichtig. Nur dann löst das Ergebnis maximale Vorstellungskraft bei all denen aus, die dafür sorgen müssen, dass die Marke an den Kontaktpunkten gelebt wird und erlebbar wird; nur dann malt sie ihnen stimmige Bilder in den Kopf, die fühlbar machen, wie Horbach ist. Damit das noch besser gelingt, werden die Worte durch genauso hart diskutierte Bilder ergänzt, die zusammen die Bildwelt ergeben. Gemeinsam machen Wort und Bild die Markenpersönlichkeit rund.

Damit alle Menschen bei Horbach die Grundlage für ihr zukünftiges Handeln auch mittragen, fehlt ihr Commitment: Wer nicht Kollege, sondern gut informierter Markenbotschafter ist, ist auch jeden Tag mit dem Herzen dabei, wenn aus Marke das Marketing werden soll, das – im Kleinen wie im Großen – die Zuversicht kommuniziert, wie Horbach sie meint. Dafür werden zunächst die Führungskräfte informiert. Ihre Meinungen fließen in letzte, hart diskutierte Justierungen ein. Zudem sprechen sie erstmals darüber, wo überall im Berufs- genauso wie im Privatleben die Kontaktpunkte mit Kunden und potenziellen Kunden sind und was man da alles sagen und tun könnte. Dann sind alle Berater dran: Auf der Jahresauftakttagung stellt ihnen das MKT die neue Marke vor. Zwischen dem Rückblick und dem Ausblick der Geschäftsführung sowie den Zahlen und Ehrungen und vor der großen Jahresauftaktparty hören, sehen und vor allem fühlen 400 Leute, was das Unternehmen in Zukunft ausmacht, dem sie ihr Berufsleben widmen. Das macht sie konstruktiv betroffen. Sie erleben, wie die Mitglieder des MKT das große Banner mit der Markenpersönlichkeit auf der Bühne zum Zeichen ihres Dabeiseins unterschreiben, und bekommen die Horbach-Markenkarte für die Brieftasche. Und sie werden eingeladen, bei nächster Gelegenheit ebenfalls zu unterschreiben und damit auch Markenbotschafter zu sein.

Diese Gelegenheit gibt es wieder auf Mallorca. Die Jahresbesten erleben die Markenpersönlichkeit nun mit zahlreichen Aktivitäten für die Sinne – nicht mehr im Allgemeinen wie letztes Jahr, sondern im Besonderen. Sie erarbeiten in Workshops, welche Marketingprojekte in welcher Reihenfolge angepackt werden sollen. Am wichtigsten: Sie sagen, bei welchem Projekt sie sich einbringen werden. Das große Banner mit den Unterschriften hängt seither im Kölner Büro, zentral und für alle sichtbar in der Lobby der Horbach Akademie. Dort finden die Produktschulungen und auch das sogenannte Soft-Skills-Training statt, zu dem auch das laufende weitere Verankern der Marke in den Köpfen und den Herzen der Berater gehört. Hier unterschreiben nach und nach alle anderen, vor allem auch die Neuen. Das Marketing beginnt: Die Marke darf nicht kommuniziert werden, Positionierung und Versprechungen interessieren da draußen niemanden. Vielmehr werden die bestehenden Kommunikationsaktivitäten derart an sie angepasst, dass sie immer klarer erkennbar wird und an Bedeutung gewinnt. Neue Maßnahmen entstehen gleich auf ihrer Grundlage. Dafür ist die Marke das klare Briefing für alle Beteiligten, auch die Dienstleister für Werbung, Web, Social Media, PR … Und die zentrale Aussage, das immer präsente Bindeglied zwischen Marke und Marketing, ist die sogenannte Kommunikative Leitidee. Sie sorgt dafür, dass alle werblichen Aussagen an allen Kontaktpunkten unmissverständlich Horbach und nicht MLP und nicht sonst etwas sind. Es ist das, was bei Milka die lila Kuh ist und bei Esso der Tiger (»Pack den Tiger in den Tank!«) und diese Unverwechselbarkeit herstellt. Was diese Leitidee bei Horbach ist, vermittelt alle Werbung und jegliche Kommunikation. Sie ist dann gut, wenn man sie wiedererkennt und eindeutig dem Absender zuordnet. Und wenn sie das Gefühl unterstützt, dass Horbach tatsächlich anders ist als MLP und all die anderen und man dieses Gefühl des Andersseins näher beschreiben kann.

Marken erlebbar zu machen ist ganz viel schriftliche Planung, wie bei einem Backrezept (nur so wird es der leckerste Kuchen, den man im Sinn hat) und wie bei einem Architektenplan (nur so wird es das tolle Haus, das man im Kopf hat). Deshalb gibt es den Kommunikationsplan, der für alle Teilbereiche – Anzeigen, Website, Filme, Social Media, Lerninhalte auf der Akademie, Schulungsunterlagen, Beratungsunterlagen, Feiern und Events – unmissverständlich festlegt, wer was bis wann mit wem mit welcher Wirkung anpackt, umsetzt, wahr macht. Jetzt kann niemand mehr sagen, er wisse ja nicht, könne ja nicht, dürfe ja nicht. Und jetzt sind nur noch die Ideen gute Ideen, die die Marke nachweislich und spürbar transportieren. Die Markenberatung fungiert dabei als ihre Gralshüterin.

Am wichtigsten beim Marke-Leben ist der Mensch, alles andere ist Papier und Zahlen. Idealtypisch geht es mit den Markenbotschaftern so: Begreifen – verstehen – begeistern – mitmachen – umsetzen – leben. Frank Beumer ist Seniorpartner bei Horbach und seit Urzeiten dabei: »Die Marke gibt uns nach innen eine höhere Identifikation mit dem Unternehmen, mehr Bewusstsein für unsere Stärken und den Ansporn, sie auch auszuleben.« Und nach außen? Beumer sagt, dass ein bewusster, gesteuerter, starker Auftritt Kunden und Interessenten viel gezielter erreiche. »Außerdem ist er wichtig dafür, die anspruchsvoller gewordenen potenziellen Kollegen begehrlich anzusprechen: Komm zu uns! Wir sind die hochprofessionellen Ver-rückten und machen gemeinsam mit euch den Kuchen größer für alle!« Horbach sorgt dafür, dass die Berater genauso wie die Kollegen in Administration, Produktentwicklung, Marketing und Schulung ebenfalls starke Marken, echte Human Brands sind. Jeder so eng an die Marke gebunden wie nötig, um ihre Unverwechselbarkeit zu vertreten, und dabei mit seiner ganz eigenen Persönlichkeit so unverfälscht und echt wie möglich – damit man keine rund gelutschten, stromlinienförmigen Roboter am Start hat, sondern echte Menschen mit echten Ecken und Kanten auf der einzigartigen Horbach-Spur. Dann hat das Markenbotschafter-Dasein einen Sinn. Stefan Mercier: »Wir gehen den umgekehrten Weg wie Red Bull: Mehr als 30 Jahre waren wir irgendwie erfolgreich, und keiner wusste, warum. Jetzt sorgen wir mit der Marke für die nächsten 30 erfolgreichen Jahre – geplant.«

Management:

Markenführung fängt nirgendwo an und hört niemals auf

Die Marke ist ein Versprechen, das jeden Tag bei jedem Kundenkontakt eingelöst werden muss. Der Anspruch, sie konsequent zu leben, ist richtig. Er ist wichtig und er lässt sich nicht mit ein paar bunten Bildern und ein bisschen Logo umsetzen. Markenführung ist ein ganzheitliches Prinzip. Um dem Anspruch gerecht zu werden und die Kraft der Marke nutzbar zu machen, müssen die Organisations-, Führungs- und Kommunikationsstrukturen im Unternehmen entsprechend beschaffen sein. Immer gibt es Themen und Projekte, die noch wichtiger als das Thema Marke erscheinen. Der optimale Zeitpunkt dafür ist da, wenn es rund läuft im Unternehmen – unumkehrbar anfangen und Fakten schaffen! Dann ist die gelebte Marke die Lebensversicherung, wenn das nächste Kostensenkungsprogramm, der nächste Markteintritt eines Wettbewerbers, die nächste PR-Krise kommt.

Das gute Timing und ein demütiges Verständnis seiner Rolle im Unternehmen sind für den Markenmanager erfolgskritisch. Er muss eine Werteplattform etablieren, die den Mitarbeitern als Orientierung im operativen Alltag dient. Wenn er in besseren Zeiten Allianzen schmiedet und das Unternehmen so behutsam wie geplant und kompromisslos mit Marke auflädt, macht sie in schlechteren Zeiten den entscheidenden Unterschied. Dann, wenn es keine zweite Chance für einen ersten Schuss gibt und der trefflich sitzt. Es ist gar nicht zu schwer, wenn man ein paar Grundsätze beachtet.

Die Markenstrategie ist der kleine Bruder der Unternehmensstrategie: Marke entsteht nicht im luftleeren Raum. Sie verdichtet vielmehr die vielen Informationen, die es rund um ein Unternehmen gibt: Unternehmenszweck, Zukunft und Herkunft, Mission und Vision, Werte und Werthaltungen. Ohne Substanz keine Marke, ohne angestammtes und verwertbares emotionales Kapital ebenfalls nicht. Ernst Prost von Liqui Moly sagt dazu: »Nicht alles, was mit kluger Markenführung zu tun hat, ist Brand New. Im Gegenteil: Wer nachhaltigen Erfolg will, muss sich vor allem auch auf althergebrachte, immer gültige Werte und Formeln beziehen, was Mensch und Gesellschaft genauso angeht wie die Unternehmensführung, und darf seine Markenpolitik nicht jedem dahergelaufenen Trend unterwerfen. Sonst wird aus einer echten Markenpersönlichkeit ganz schnell eine Müll-Marke.«

Die saubere Markenstrategie bezieht sich immer auf die sauber entwickelte Unternehmensstrategie. Sie gibt die klare Marschrichtung vor, nicht nur für das unternehmerische Handeln, sondern auch für Markenführung und Marketing. Sie ist der Erlaubnisgeber, der wenig erlaubt und viel untersagt. Unternehmensstrategie ist rational, Input-Output-orientiert und von Kennzahlen geprägt. Wer mit dem Thema Marke Gehör finden will, muss das akzeptieren und sich darauf einlassen. Was haben wir warum in der Markenführung vorangetrieben? Wie und in welchem Umfang trägt das Geleistete zur Erreichung der übergeordneten Unternehmensziele bei? Marke ist nur zu 10 Prozent Inspiration, aber zu 90 Prozent Transpiration. Für die Unternehmensleitung ist sie nur dann relevant, wenn sie liefert. Wer hier über Farbcodes referiert, anstatt den Beitrag der Marke zum Gelingen des Geschehens nachvollziehbar auf den Punkt zu bringen, hat den nächsten Termin nicht mit dem Geschäftsführer, sondern mit dem Assistenten. CEOs sind nicht dazu da, um Kampagnenmechanismen zu diskutieren. Geht es allerdings um Umsatzziele, Marktanteile, Margen und Gewinnpotenziale und hier den Treiber Marke, sind sie ganz Ohr.

Dass Markenstrategie wirtschaftliche Relevanz hat, zeigt der Mobilfunkanbieter Telefónica in Deutschland. Um den Wachstumszielen der spanischen Mutter gerecht zu werden, stellt man der Premiummarke o2 in Deutschland Nischenmarken zur Seite und sichert sich so ein noch größeres Stück des hart umkämpften Mobilfunkmarktes: Fonic ist die junge, flexible und kostenbewusste kleine Schwester; Türk Telekom Mobile zielt auf die größte ausländische Community; Tchibo Mobile ist die Alternative für trendbewusste Smartshopper. Das erfreut den Vorstand und stärkt die Position des Marketingverantwortlichen.

Die Markenentwicklung ist nicht demokratisch: Die starke Marke vermeidet vorausschauend negative Entwicklungen und ermöglicht viel Gutes im Sinne von Substanz, Wachstum, Zufriedenheit, Umsatz und Gewinn. Visionär aufgesetzt, mutig umgesetzt und konsequent gelebt, ist sie sogar die Garantie dafür. Zu viele Meinungen machen dabei unsicher und flatterhaft, und das macht visionslos, mutlos und inkonsequent. Damit Marke viel Gutes produziert wie provoziert, müssen bei ihrer Entwicklung so viele Kollegen wie nötig und gleichzeitig nur so wenige wie möglich beteiligt sein. Der kleine Kreis aus verschiedenen Hierarchiestufen und Abteilungen, Regionalbüros und Landesgesellschaften, von Verwaltung und Produktion stellt die Perspektivenvielfalt sicher und erhöht die Akzeptanz des Ergebnisses. Die Mitarbeiter fühlen sich frühzeitig gebraucht und eingebunden. Das gefällt, und man erzählt den Kollegen gern, was da oben im Elfenbeinturm geschieht, der – geht man so vor – in diesem Punkt zumindest gar nicht mehr so elfenbeinig ist.

Frühes Einbinden der richtigen Menschen ist eine der wichtigsten Voraussetzungen dafür, dass später, beim Ausrollen der Marke (wenn aus Marke Marketing wird), alle mitziehen, jeder seinen Beitrag leistet und schließlich alle Mitarbeiter Markenbotschafter sind. Dann tragen sie das Markenversprechen nicht nur dorthin, wo man das Unternehmen erlebt, sondern fühlen sich dabei genauso visionär, mutig und konsequent. »Nicht der hypothetische Businessplan, sondern das, was an den Touchpoints, den Berührungspunkten zwischen Unternehmen und Kunden, in den ›Momenten der Wahrheit‹ tatsächlich passiert, entscheidet über Top oder Flop«, sagt die Touchpoint-Spezialistin Anne Schüller. Dafür, dass es top wird, »müssen sich alle Unternehmensbereiche synchronisiert auf das Kundenwohl fokussieren. Doch Hierarchien, Silodenken, persönliche Eigeninteressen und das Gerangel um die Vorherrschaft in puncto Macht, Einfluss, Budgets und Ressourcen verhindern dies allzu oft.« Falls es doch gelingt, sind die Mitarbeiter stolz darauf, in genau dieser Firma zu arbeiten. Und das ist der Anfang davon, dass das Markenversprechen in den Momenten der Wahrheit auch eingelöst wird. Hier wird, wenn alles optimal läuft, der Interessent zum Kunden und der Verhandler nicht zum Feilscher. Und das Herz siegt über den Kopf.

Marke ist keine Teildisziplin der Unternehmenskommunikation: Gerade in der Industrie ist das Markenmanagement oft der Unternehmenskommunikation unterstellt und personell unterbesetzt: zwei Menschen, die dem Chef die Reden schreiben, Broschüren übersetzen und den Kollegen in Norwegen beibringen, dass es keine gute Idee ist, die Farben des Logos den Landesfarben anzupassen. So geht es nicht, weil Markenmanagement mehr ist als Reden- und Logomanagement. Es ist nicht dazu da, die Inhalte aus der Kommunikationsabteilung kreativ umzusetzen. Dafür gibt es Agenturen. Genau andersherum bilden die Markenwerte die Basis für jegliche Kommunikation. Sie begründen die Werteplattform, den gemeinsamen Nenner, den alle kennen und verstehen. Damit wird bestimmt, was der Kunde erwarten darf, und vorgegeben, wie die Mitarbeiter diese Erwartungen erfüllen. Wenn jeder weiß, wo die Firma herkommt, wie sie sich sieht, was sie kann, wo sie hinwill und wie sie gesehen werden möchte, hat er auch ein Gefühl dafür, was er zu welcher Zeit in welcher Form dazu beitragen muss, damit es auch so kommt; und – viel wichtiger – was er dafür besser bleiben lässt.

Die Markenführung muss zumindest gleichberechtigter Partner neben der Unternehmenskommunikation sein. Andernfalls kommt Umsetzung vor Inhalt. Die Geschäftsführung des Festspielhauses Baden-Baden führt die Markenpersönlichkeit der perfekten Gastgeberin ein, um Gäste zu Fans zu machen, die wiederkommen und weiterempfehlen. Übergeordnetes Ziel: Abwendung der drohenden Insolvenz. Deshalb sorgt sie auch selbst dafür, dass Strukturen geschaffen, Inhalte entwickelt und Trainings angeboten werden. Ohne ihr klares Bekenntnis zur Marke ist der Turnaround nicht möglich. Ebenso hat Douglas Oberhelman, der Chef von Caterpillar, vor vielen Jahren erkannt, dass die Marke auch im Markt für Baustellenfahrzeuge den entscheidenden Unterschied macht. Seitdem wird er nicht müde, seinen Mitarbeitern diese Erkenntnis wieder und wieder nahezubringen: »Put the brand before your business. It will be here long after us.« (»Stellt die Marke vor euer [operatives] Geschäft. Sie wird noch da sein, wenn es uns alle schon lange nicht mehr gibt.«) Der Erfolg gibt ihm recht.

Intern kommt vor extern: Oft erfahren die Mitarbeiter aus der Zeitung von der Neupositionierung, der neuen Kampagne, dem neuen Produkt. Die Markenidee basiert aber auf Werten und Wertschätzung, Transparenz und Nachvollziehbarkeit, Kontinuität und Standhaftigkeit. Fühlt der Kunde sich unwohl, geht er. Treu bleibt, wer Fan ist. Um Fans entstehen zu lassen, braucht es die Unterstützung jedes einzelnen Mitarbeiters, der sich ernst genommen fühlt. Erst wenn es intern stimmt und alle Mitarbeiter nicht überredet, sondern von der Kraft der Marke überzeugt sind, wenn sie wissen, dass es nun vor allem auf sie ankommt, die Marke zu leben und erlebbar zu machen, geht man nach draußen. Mitarbeiter werden zu Markenbotschaftern durch Vorträge, Training und Coaching, Online-Schulung, formelle schriftliche und informelle mündliche Information und die laufende, durchaus auch kontroverse Diskussion. Und zwar an allen Mitarbeiterkontaktpunkten. Das darf niemals mehr aufhören, weil markenadäquates Verhalten niemals mehr aufhören darf. Stattdessen wird es kultiviert, gehört zum Unternehmen wie die Personalstelle, das Schwarze Brett und die Veggie-Ecke in der Kantine. Die Menschen atmen Marke, und die Markentropfen höhlen immer mehr den Markenstein. Vor allem auch, wenn neue Kollegen dazukommen, die erst einmal nur Mitarbeiter sind und später den Kundenkontaktpunkt im Moment der Wahrheit ebenfalls zum tollsten Platz auf der ganzen Welt machen sollen.

Marke nimmt man mit allen Sinnen wahr, und sie alle entscheiden darüber, ob ihr Versprechen eingelöst wird. Das gilt für Modehäuser wie für Strickmaschinenhersteller, für Besteck-Fachgeschäfte wie für Lochblech-Spezialisten, für Online-Händler wie für Gaststätten und Beherbergungsbetriebe, für Innenausbauer wie für Walzstahlhändler. Business-to-Business ist immer auch Business-to-Customer, da gibt es keinen Unterschied. In beiden Fällen entscheiden Menschen, und deren Kriterien dabei sind dieselben: Wow-Effekt, positive Gänsehaut, erhöhter Puls, große Augen, offener Mund … Marke ist gelebte Emotion. Dafür braucht es die Einstellung des Mitarbeiters, dass sein Beruf Berufung ist. Dann wird der Kunde nicht nur Stammkunde, sondern Fan. Und das ist das Feinste, wovon der markenorientierte Unternehmer auch tagsüber zu träumen vermag.

Marke ist Chefsache: Wer eine Marke erfolgreich und nachhaltig führen möchte, muss im Sinne der Marke führen. Ein Bahnchef Mehdorn (zuvor hieß er Hartmut mit Vornamen), der der versammelten Presse mitteilt, dass Bahnfahren länger als vier Stunden eine Tortur ist, macht mit Mühe und Hingabe Aufgebautes schnell kaputt. Ebenso ein Alan Mulally, der als CEO von Ford öffentlich bekennt, privat Lexus zu fahren. »Der Fisch stinkt vom Kopf her« und »Wie man in den Wald hineinruft, so schallt es heraus« – diese abgenutzten Sprichwörter nutzt jeder. Das zeigt, dass sie gar nicht abgenutzt genug sein können und wie viel Wahrheit und Aktualität in ihnen steckt.

Festzustellen, ob die eigene Führungsphilosophie und der Führungsstil im Sinne des markenadäquaten Verhaltens richtig oder falsch sind, ist nicht einfach. Man kann die Ergebnisse, es liegt in der Natur der Sache, nur begrenzt messen und bewerten. Oftmals werden zur Begründung von Markenerfolg mittelbare Faktoren wie die Anzahl der Bewerbungen auf Stellenanzeigen sowie die durchschnittliche Verweildauer im Unternehmen und der Krankenstand herangezogen. Dazu kommen Befragungen der Mitarbeiter, was ihre Loyalität gegenüber dem Unternehmen, ihr Engagement und ihre Zufriedenheit angeht. Das sind zumindest messbare Indikatoren für die Attraktivität als Arbeitgeber bei potenziellen Arbeitnehmern. Unabhängig davon gilt die so einfache wie wirksame Regel: Wer von seinen Mitarbeitern erwartet, dass sie seine Marke leben und erlebbar machen, muss das zuerst selbst tun. Vorleben, fordern, fördern – das sind die

Tugenden des markenorientierten Vorweggehers. Benita Struve, die Leiterin Konzernmarkenmanagement und Werbung bei der Lufthansa, sagt: »Behandle den Bewerber für die Flugbegleiter-Ausbildung so, wie du später als Passagier von ihm behandelt werden möchtest. Biete ihm einen Platz an, serviere Kaffee und lass ihn nicht warten.« Sie weiß, wie sich Flugbegleiter motiviert fühlen; vor dem Einstieg ins Management war sie Stewardess.

Gute Führung ist inspirierend, intellektuell stimulierend und vor allem individuell. Das zeigt die Forschung und man erlebt es bei gut geführten Unternehmen. Die Führungskraft, die vorangeht und Decken und Tee verteilt, wenn der Flug wegen eines Streiks verspätet ist, inspiriert ihre Mitarbeiter, das Gleiche zu tun. Wer S-Klasse und Vorstandsaufzug fährt, während alle anderen unter Kostensenkungsprogrammen ächzen, erreicht das Gegenteil. Bei Ritz-Carlton arbeiten die Mitarbeiter hierarchieübergreifend gemäß der Prämisse »We are Ladies and Gentlemen Serving Ladies and Gentlemen.« (Wir sind Damen und Herren, die Damen und Herren bedienen) Untereinander behandelt man sich dort genauso. Die Kultur ist geprägt von Zuvorkommenheit, Aufrichtigkeit und der Begegnung auf Augenhöhe. Die Bürotür des Direktors stehe immer offen, und wenn der Concierge ihn bitte, beim Einladen des besonders schweren Gepäcks abreisender Gäste zu helfen, packe er wirklich mit an, referiert Gisela Willmes, Personalchefin Ritz-Carlton Deutschland, im Rahmen des Forschungsprogramms Behavioral Branding der Universität St. Gallen. Wer Wertschätzung sät, erntet Wertschätzung.

Markenberatung ist Zusammenarbeit: Das Thema Markenbildung sollte nicht vollständig an einen Dienstleister abgegeben werden. Identität entsteht, wenn diejenigen sie vorleben, die sie mitentwickelt haben. Deshalb müssen die Verantwortlichen im Unternehmen involviert sein. Es macht Sinn, sich Profis ins Haus zu holen, die ihre Innensicht der Dinge ergänzen um die so wichtige Außensicht auf das Unternehmen und die Produkte, den Markt, die Wettbewerber und die Kunden. Sie bringen Fachwissen ins Haus und können als externe Insider unabhängiger und freier empfehlen und handeln, vor allem auch bei der

Durchsetzung unpopulärer Maßnahmen. All das stellt sicher, dass alle notwendigen Dimensionen berücksichtigt werden. Bei der Auswahl des Dienstleisters steht nicht das angewandte Modell, sondern ganz anderes im Vordergrund: neben der nachgewiesenen Kompetenz, der eindeutigen Expertise und der eindrucksstarken Referenz (dabei tut der Kundenmund die wahre Wahrheit kund) vor allem Nase und Bauch. Marke ist nicht Mathematik, deshalb sind die soften Schnittstellen genauso wichtig wie die nackte Kompetenz. Vor allem auch dort, wo es um Einfühlungsvermögen und Wissbegierde, Abstraktionsvermögen und visionäre Einstellung und die Fähigkeit geht, über die berühmten Tellerränder hinauszuschauen. Schließlich geht es um die Lebensversicherung des Unternehmens und um seine Zukunft, die nächsten 15 Jahre, mindestens.

Ist das Projekt Marke erst einmal gestartet, die Markenidentität festgelegt und damit die Marschrichtung bestimmt, und schreitet die Erlebbarmachung mithilfe der unterschiedlichsten Marketingmaßnahmen vor – nach innen wie nach außen –, gibt es kein Ganz-Anders und kein Zurück-auf-Los mehr. Markenidentität ist nicht mal so und mal so. Das ist das, was im Personalausweis steht, ja auch nicht. Bei der Camel-Zigarette kann man gut beobachten, was passiert, wenn die im Marketing mal dieses und mal jenes treiben: Ursprünglich hat Camel eine kräftige Identität, im Sinne von Freiheit und Abenteuer (»Ich geh meilenweit für eine Camel Filter«), aber dann laufend eine andere. Mal verbindet man sie mit Natur und Unverfälschtheit, mal mit lustigen Alltagserlebnissen und mal mit Sanftheit. Deshalb steht sie heute für – nichts; und ihr Marktanteil für fast nichts. Sie ist ein Märkchen, und der Markenwert ist stark gesunken. Marlboro war und ist immer Cowboy und hat Marktanteil satt.

Marke braucht Zeit: Eine Organisation verändert man nicht in Wochen oder Monaten, sondern in Jahren. Wer Marke als ganzheitliches Konzept versteht, muss ihr die Zeit und den Raum geben, den sie verdient. Einmal ausgerollt, ist sie der Differenziator, die Seele, die man weder kopieren noch widerstandslos verdrängen kann. Dann erkennt man sie daran, dass man sie erkennt.

Nachwort

Die inhaltsgeladene Diskussion darüber, was Marken heute dafür brauchen, starke Marken zu sein, braucht kein Nachspiel. Einfach anfangen!

Firmen- und Markenverzeichnis

Literaturempfehlungen

Aaker, David A.: *Building Strong Brands*, London: Simon & Schuster UK 2010

Berndt®, Jon Christoph: *Die stärkste Marke sind Sie selbst! Schärfen Sie Ihr Profil mit Human Branding*, München: Kösel, 5. überarbeitete und erweiterte Auflage 2014

Berndt®, Jon Christoph: *Die stärkste Marke sind Sie selbst! Das Human Branding Praxisbuch, München:* Kösel, 2. Auflage 2014

Esch, Franz-Rudolf (Hrsg.): *Moderne Markenführung – Grundlagen – Innovative Ansätze – Praktische Umsetzungen*, Wiesbaden: Gabler, 4. vollständ. überarbeitete und erweiterte Auflage 2013

Herbst, Dieter (Hrsg.): *Der Mensch als Marke. Konzepte – Beispiele – Experteninterviews*, Göttingen: BusinessVillage, 2. Auflage 2011

Jenewein, Wolfgang; Heidbrink, Marcus; Heuschele, Fabian: *Begeisterte Mitarbeiter: Wie Unternehmen ihre Mitarbeiter zu Fans machen*, Stuttgart: Schäffer-Poeschel 2014

Kapferer, Jean-Noël: *The New Strategic Brand Management – Advanced Insights and Strategic Thinking*, London: Kogan Page, 5. Auflage 2012

Morgan, John: *Brand Against the Machine: How to Build Your Brand, Cut Through the Marketing Noise, and Stand Out from the Competition*, Hoboken/New Jersey: John Wiley & Sons 2011

Müller, Tina; Schroiff Hans-Willi: *Warum Produkte floppen: Die 10 Todsünden des Marketings*, Freiburg: Haufe-Lexware 2013

Schüller, Anne: *Das Touchpoint-Unternehmen: Mitarbeiterführung in unserer neuen Businesswelt*, Offenbach: Gabal 2014

Sell, Stefan; Seyboldt, Michael: *Vom Hidden Champion zum Brand Champion: Mit Marke und Marketing das Wachstum von Mittelständlern nachhaltig unterstützen und sichern*, Wiesbaden: Springer Gabler, 2014

Simon, Hermann: *Preisheiten. Alles, was Sie über Preise wissen müssen,* Frankfurt: Campus, 2013

Solomon, Michael R.: *Konsumentenverhalten: Käuferverhalten, Kaufverhalten, Verbraucherverhalten,* München: Pearson, 9. aktualisierte Auflage 2012

Tomczak, Torsten; Esch, Franz-Rudolf; Kernstock, Joachim; Herrmann, Andreas: *Behavioral Branding: Wie Mitarbeiterverhalten die Marke stärkt,* Wiesbaden: Gabler, 3. aktualisierte Auflage 2012

»Brand New – Was starke Marken heute wirklich brauchen«:

Der Keynote-Vortrag von Henkel & Berndt

©Stephan Rumpf

Der eine weiß vor allem, was Forschung und Wissenschaft über die Kraft starker Marken wissen. Der andere weiß vor allem, wie man diese Kraft entfaltet. Oder auch umgekehrt. In jedem Fall sind sie zusammen Henkel & Berndt. Das Schönste: Auf der Bühne sind sie genauso inhaltsgeladen, wegweisend und erfrischend wie zwischen zwei Buchdeckeln.

Wenn Sie Berndt vs. Henkel für Ihren Anlass buchen, bekommen Ihre Teilnehmer 100 Prozent Henkel und 100 Prozent Berndt. Das sind 200 Prozent von dem, was Ihre starke Marke heute braucht. Henkel & Berndt liefern ungebremst, mit Herz, Hirn und Hand und sofort ein- und umsetzbar. Dabei wird ernsthaft gelacht.

amaze_me@brandamazing.com

www.brandamazing.com

Wenn Sie **Interesse** an
unseren Büchern haben,

---

z. B. als Geschenk für Ihre Kundenbindungsprojekte,
fordern Sie unsere attraktiven Sonderkonditionen an.

Weitere Informationen erhalten Sie von
unserem Vertriebsteam unter +49 89 651285-154

oder schreiben Sie uns per E-Mail an:
vertrieb@redline-verlag.de

REDLINE | VERLAG